Eike Peter Hansen

Korbbogen oder Kettenlinie - Zur Bogenform der Ponte S. Trinità in Florenz

GRIN Verlag

Bibliografische Information der Deutschen Nationalbibliothek:

Die Deutsche Bibliothek verzeichnet diese Publikation in der Deutschen Nationalbibliografie; detaillierte bibliografische Daten sind im Internet über http://dnb.d-nb.de/ abrufbar.

Impressum:

Druck und Bindung: Books on Demand GmbH, Norderstedt Germany
ISBN: 978-3-640-23952-8

Dieses Buch bei GRIN:

http://www.grin.com/de/e-book/119743/korbbogen-oder-kettenlinie-zur-bogenform-der-ponte-s-trinita-in-florenz

UNIKASSEL
VERSITÄT

Erste Staatsprüfung für das
Lehramt an Grundschulen

Wissenschaftliche Hausarbeit
im Fachbereich 17
Mathematik

Thema:

Korbbogen oder Kettenlinie

-

Zur Bogenform der Ponte S. Trinità in Florenz

Vorgelegt von: Eike Peter Hansen

Abgabetermin: 27.05.2008

Inhaltsverzeichnis

Seite

Ehrenwörtliche Erklärung 1

Inhaltsverzeichnis 2

1. Einleitung 4

2. Grundinformationen zum Bogen 5

2.1 Die Definition des Begriffes „Bogen“ 5

2.2 Aufbau eines Bogens 6

3. Konstruktion einer Bogenbrücke 8

3.1 Grundlagen zur Konstruktion eines Bogens 8

3.1.1 Spannungskräfte bei Balkenbrücken 9

3.1.2 Spannungskräfte bei Bogenbrücken 10

4. Entwicklung der Bogenbrücke in Europa bis zum Beginn der Neuzeit 11

4.1 Vorgeschichte des Brückenbaus 11

4.2 Erste belegbare Brückenbauten 13

4.3 Der Bau von Bogenbrücken zu Zeiten der Römer 14

4.3.1 Aufbau der Bogenbrücke 14

4.3.2 Auswahl besonderer römischer Bogenbrücken 16

4.4 Brücken im Mittelalter 19

5. Geschichte der Ponte Santa Trinità 21

6. Mögliche Konstruktionen der Ponte Santa Trinità vor 1944 **27**

6.1 GeoGebra 3.0 27

6.2 Konstruktion anhand eines Korbbogens 28

6.2.1 Definition des Korbbogens 28

6.2.2 Aufbau des sechsfachen Korbbogens 29

6.2.3 Mögliche Konstruktion durch einen sechsfachen Korbbogen 35

6.3 Konstruktion anhand einer Kettenlinie 40

6.3.1 Definition der Kettenlinie 40

6.3.2 Kosinus Hyperbolicus 41

6.3.2.1 Definition des Kosinus Hyperbolicus 41

6.3.2.2 Vergleich des Kosinus Hyperbolicus mit einer Parabel 42

6.3.3 Aufbau der Kettenlinie 44

6.3.4 Rekonstruktion durch Gizdulich als Kettenlinie 48

7. Widersprüche bezüglich der Bogenformen **50**

7.1 Bezogen auf Sechsfacher Korbbogen 51

7.2 Bezogen auf Kettenlinie 52

8. Fazit **53**

9. Literaturverzeichnis **55**

1. Einleitung

Über die Bogenform der Brücke Ponte Santa Trinità, welche in der italienischen Stadt Florenz erbaut wurde, gibt es schon seit Jahrhunderten viele verschiedene Meinungen und Ansichten. Als sie im Jahr 1944, bei dem Rückzug der deutschen Truppen aus Florenz, komplett zerstört wurde und zirka vierzehn Jahre später wieder aufgebaut wurde, entschied man sich dafür, dass die frühere Form der Bögen einer Kettenlinie geähnelt haben müsste. Hierbei gab es zwar unterschiedliche Meinungen zu der früheren Bogenform, es setzte sich jedoch Ricardo Gizdulich bei der Rekonstruktion der Brücke mit einer Kette als Hilfsmittel durch.

Zu der heutigen Zeit können zwar nur noch Spekulationen aufgestellt werden, wie die frühere Form der Bögen hätte gewesen sein können, jedoch mit Hilfe von heutiger Computersoftware kann ein realitätsnäherer Vergleich zwischen der möglichen früheren Form und der heutigen Form der Brücke durchgeführt werden. In dieser Arbeit werde ich daher auf die mögliche frühere Bogenform der Brücke als eine Kettenlinie und als ein sechsfacher Korbbogen genauer eingehen.

2. Grundinformationen zum Bogen

2.1 Die Definition des Begriffes „Bogen"

Zu Beginn und als Grundlage meiner Arbeit gehe ich kurz auf die allgemeine deutsche Definition des Begriffes „Bogen" ein. Das Substantiv Bogen besitzt seine Wurzeln in dem deutschen Verb *„biegen"* und beschreibt demnach eine Biegung bzw. etwas Gebogenes[1]. Schon das erste Deutsche Wörterbuch (DWB), welches im Jahr 1854 erschien und von den Brüdern Jacob Grimm und Wilhelm Grimm herausgegeben wurde[2], beschrieb das Substantiv Bogen näher.

Der Begriff Bogen definiert und umfasst in der deutschen Sprache gleichzeitig mehrere, sehr unterschiedliche Dinge. Auf der einen Seite wird durch ihn eine Abschussvorrichtung für Pfeile beschrieben[3], gleichzeitig bezieht er sich aber auch auf den Hartholzstab eines Streichinstrumentes, welcher mit Pferdehaaren bespannt ist, die in der Regel von Schimmeln stammen.[4]

In dieser Arbeit gehe ich jedoch auf die architektonische Definition des Begriffes „Bogen" ein.

> *„[...] in der Baukonstruktion ein gewölbtes Tragwerk, das als Abschluss eine Öffnung überspannt; besteht aus Stahl, Stahlbeton oder Stein. In der Baustatik ein Träger mit gekrümmter Achse, der bei senkrechten Lasten Horizontalschübe auf die Auflager (Widerlager) ausübt."*[5]

---

[1] Vgl. KURRER, 2002, Seite 119.
[2] Vgl. http://de.wikipedia.org/wiki/Deutsches_W%C3%B6rterbuch [10.03.2008].
[3] Vgl. http://de.wikipedia.org/wiki/Bogen_%28Waffe%29 [10.03.2008].
[4] Vgl. http://de.wikipedia.org/wiki/Bogen_%28Streichinstrument%29 [10.03.2008].
[5] Vgl. http://lexikon.meyers.de/meyers/Bogen_(Sachbegriffe) [11.03.2007]

2.2 Aufbau eines Bogens

Jeder Bogen, welcher beispielsweise bei der Konstruktion eines Gewölbes oder dem Bau einer Brücke angewandt wird, besteht aus bestimmten Teilen, denen die folgenden eindeutigen Benennungen zugeordnet werden. Diese Benennungen sind am unten aufgeführten Beispiel eines Rundbogens dargestellt, aber auch auf andere Bogenarten übertragbar.

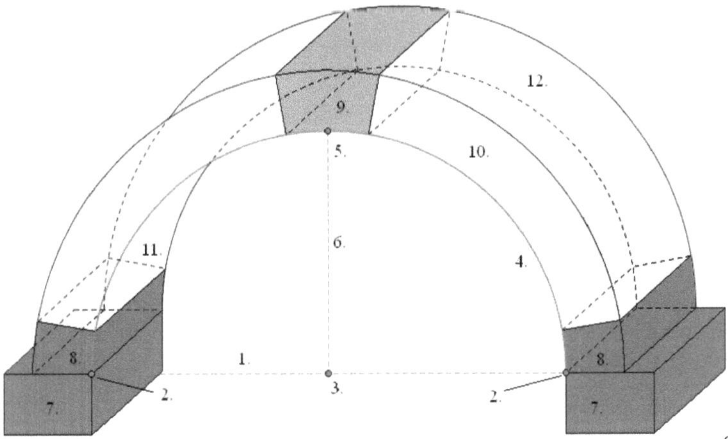

[6]

Die Spannweite eines Bogens baut sich durch eine **Kämpferlinie** (1.) auf, die aus einer vorher definierten und festgelegten Spannweite besteht und deren beidseitige Enden als **Kämpferpunkte K1 und K2** (2.) bezeichnet werden. Der Punkt, welcher im Zentrum der Kämpferlinie liegt, erhält die Bezeichnung **Mittelpunkt M** (3.); um diesen Mittelpunkt wird ein Halbkreis gezogen, welcher den Radius $|MK1|$ bzw. $|MK2|$ hat. Dieser Halbkreis stellt die **Bogenlinie** (4.) da, über welche die Steine gebaut werden. Der höchste Punkt der Bogenlinie, an dem die Steigung den Wert Null erreicht, wird als **Scheitelpunkt** (5.) benannt. Den Abstand zwischen dem Scheitelpunkt und dem Mittelpunkt bildet dabei die **Stich-**

[6] Erstellt mit GeoGebra 3.0 und Microsoft Paint; die Angaben stammen von der Internetseite http://uploader.wuerzburg.de/bbz2/fst_03/boegen/startseite.htm und der Referatsausarbeitung „Bögen - Rundbogen, Spitzbogen, Korbbogen, Eselsrücken, Tudorbogen" von Kristina Eicker und Eike Peter Hansen, 2007.

höhe (6.). Auf die Bogenlinie werden bei der Konstruktion beliebig viele, radial behauene Steine gesetzt.[7] Die untersten, radial behauenen Steine, welche direkt auf den beiden **Widerlagern** (7.) stehen, sind hierbei die **Kämpfer** (8.). Der höchste Stein, welcher mittig auf dem Scheitelpunkt liegt und damit den Bogen zusammenhält, wird als **Schlussstein** (9.) bezeichnet.

Die Vorderseite eines kompletten Bogens bildet die **Stirn** (10.) des Bogens, wohingegen die Unterseite mit der Bezeichnung **Laibung** (11.) und die Oberseite mit der Bezeichnung **Bogenrücken** (12.) benannt werden.

[7] Vgl. MISLIN, 1997, Seite 118.

3. Konstruktion einer Bogenbrücke

3.1 Grundlagen zur Konstruktion eines Bogens

Jede Art von Brücke, egal ob es nur ein simpler Balken ist, welcher ausgelegt wurde, um einen Fluss zu überqueren, oder ob es sich um eine große, künstlerisch hoch anspruchsvolle Bogenbrücke handelt, muss bestimmten Kräften trotzen können, die durch verschiedene Lasten entstehen. Diese Lasten entwickeln sich aus drei verschiedenen Ursprüngen:

1. Die ständige Last, erzeugt durch das Eigengewicht der Brücke.
2. Die Verkehrslast, ausgelöst vom Verkehr, der die Brücke überquert.
3. Die Umweltbelastung, bestimmt durch z.B. Wind, Wetter, Erdbeben oder Fluten.[8]

Durch die Einwirkung dieser Lasten entstehen verschiedene Spannungskräfte, welche einen erheblichen Einfluss auf die Brücke nehmen. Unterteilt werden diese Einflüsse in die folgenden vier Kategorien:

> *„Zwei davon sind gegensätzlich: Spannung, die auseinanderzieht, und Druck, der zusammenpresst. Die übrigen sind die Schwerkraft, die einen Körper quer durchläuft, und die Torsion oder Verwindung.“*[9]

Bei allen Arten von Brücken, können diese vier Kategorien – Spannung, welche aus Schub-, Druck- und Zugspannung besteht, Druck, Schwerkraft und Torsion/Verwindung entweder einzeln, oder auch in Verbindung zueinander auftreten.

> *„Die Fähigkeiten des Materials, diesen Kräften zu widerstehen, werden Festigkeit genannt[...]“*[10]

Die Widerstandsfähigkeit, d.h. die Festigkeit verschiedener Brückenarten ist jeweils sehr unterschiedlich. Dies wird deutlich im Vergleich von einer Bogenbrücke und einer Balkenbrücke.

---

[8] Vgl. BROWN, 1996, Seite 14.
[9] Vgl. BROWN, 1996, Seite 14.
[10] Vgl. BROWN, 1996, Seite 14.

3.1.1 Spannungskräfte bei Balkenbrücken

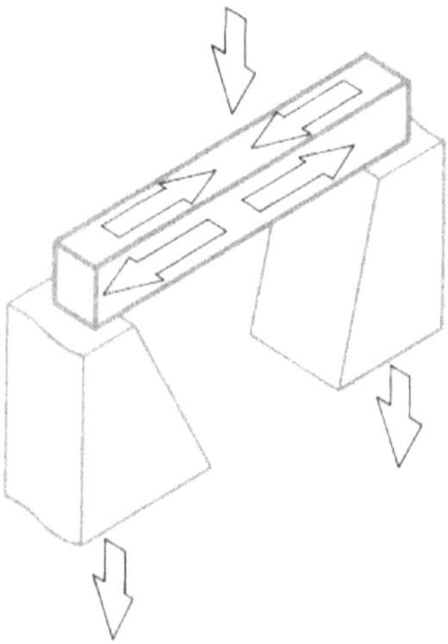

[11]

Bei einer Balkenbrücke lösen sowohl die Verkehrslast, als auch die eigene Last, einen Druck auf die Oberseite der Brücke aus. Hierdurch entsteht eine leichte Biegung der Brücke nach unten. Die Stärke dieser Biegung ist dabei abhängig von der Beschaffenheit des Materials, aus welchem die Brücke konstruiert ist. Zusätzlich bewirkt der Druck eine Zunahme von Spannung an der Oberseite der Brücke; diese verläuft nach innen und wird als Druckkraft bezeichnet. An der Unterseite entsteht gleichzeitig eine Zugkraft, welche nach außen verläuft. Das komplette eigene Gewicht der Brücke und das Gewicht der überquerenden Last werden bei dieser Art von Brücken direkt auf den Untergrund übertragen.[12]

Die Tragbalken solcher Brücken bestehen entweder aus Holz oder einer Steinplatte.

[13]

[11] Vgl. Abbildung aus: BROWN, 1996, Seite 14.
[12] Vgl. BROWN, 1994, Seite 15.
[13] Vgl. Abbildung aus: BROWN, 1996, Seite 14.

3.1.2 Spannungskräfte bei Bogenbrücken

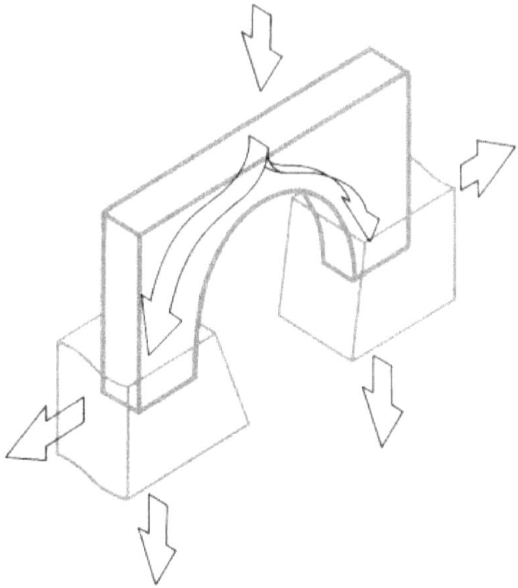

[14]

Auch bei einer Bogenbrücke wirken sowohl das Eigengewicht, wie auch die Verkehrslast einen Druck auf die Oberseite der Brücke aus; hierdurch wird das Material, aus welchem der Bogen besteht, zusammengepresst. Für den dabei entstehenden, sehr starken Druck ist das Material Stein, aufgrund seiner hohen Druckfestigkeit, der ideale Baustoff. Die Schubkraft, die dabei an den Enden der Bögen entsteht, muss sowohl nach unten, wie auch zur Seite aufgelöst werden. Dazu werden Widerlager in dem Baugrund angebracht, auf welche die Schubkraft umgeleitet und von welchen sie abgefangen wird.[15] Die Wahl der konstruktiven Form eines Widerlagers erweist sich hierbei als sehr vielfältig und ist stark von den Bedingungen des Umfeldes abhängig, wie beispielsweise der Art des unter- und überführten Verkehrsweges (Schienen, Straßen bzw. Gewässer oder Tal) oder der Tragfahigkeit des Baugrundes, auf welchem sie errichtet wird.[16]

---

[14] Vgl. Abbildung aus: BROWN, 1996, Seite 14.
[15] Vgl. BROWN, 1994, Seite 15.
[16] Vgl. MEHLHORN, 2007, Seite 427.

4. Entwicklung der Bogenbrücke in Europa bis zum Beginn der Neuzeit

4.1 Vorgeschichte des Brückenbaus

Über die genauen Anfänge und Entstehungen des Brückenbaues kann in der heutigen Zeit, wegen fehlender Quellen, nur noch spekuliert werden. Jedoch wird mit sehr großer Wahrscheinlichkeit davon ausgegangen, dass für den Menschen die Natur ein großes Vorbild bei dem eigenen Bau von Brücken war. Lange bevor Brücken mit Funktionscharakter von Menschen erbaut wurden, dienten ihm auf der Suche nach Nahrung beispielsweise umgestürzte Bäume oder mehrere Felsen und Steine, die sich in meist flacheren Gewässern befanden, zum Überqueren von Flüssen. Auch in tropischeren Gegenden waren Lianen als Hilfsmittel sehr stark verbreitet. Die Arten der Möglichkeiten, wie damals ein Fluss überquert werden konnte, waren daher sehr stark von den klimatischen Bedingungen der jeweiligen Gegenden abhängig.

Im Laufe der Jahrtausende, in denen sich der menschliche Geist über den Instinkt erhob, nahmen die Menschen sich die Natur als Vorbild für den künstlichen Brückenbau. Mit der Entwicklung von zusätzlichem, wenn auch noch primitivem Werkzeug konnten die Menschen z.B. eigenständig einzelne Baumstämme fällen und daraus, von Natureinflüssen unabhängig, eigene Überbrückungen errichten; diese Technik entwickelte und verfeinerte sich dann im Laufe der Zeit immer weiter. Anstatt nur einen einzelnen runden Stamm zu nehmen, verwendete man mehrere Stämme zur Überquerung eines Flusses; sie wurden zur Erhöhung der Sicherheit beim Überqueren eines Flusses zusätzlich mit Schlingen verbunden. Mit der Weiterentwicklung des Werkzeuges begannen die Menschen auch damit, einen Stamm nicht mehr in seiner runden Form zu verwenden, sondern ihn in einen viereckigen Balken zu spalten; so gestaltete sich, wegen des geringeren Gewichtes, das Tragen der Balken während der Bauphase leichter. Außerdem bot diese Balkenform dem Menschen mehr Sicherheit bei der Überquerung von Flüssen.

Hierbei ist jedoch noch einmal zu erwähnen, dass diese Entwicklungsschritte nur auf Vermutungen basieren und es keine, heute noch erhältliche geschichtlichen Zeugnisse darüber gibt.[17]

> *„Es lassen sich keine Brücken aus prähistorischer Zeit mit Sicherheit nachweisen, doch in vielen Teilen der Welt gibt es bis heute Beispiele für diese einfachen Lösungen, die uns die Methoden verdeutlichen."*[18]

[17] Vgl. BROWN, 1996, Seite 12-13.
[18] Vgl. BROWN, 1996, Seite 13.

4.2 Erste belegbare Brückenbauten

Die erste schriftliche Niederlegung über den Bau von Brücken stammt von dem griechischen Historiker Herodot von Halikarnass. Mit großer Wahrscheinlichkeit wurde Herodot zwischen den Jahren 490 und 480 v. Chr. geboren und starb im Jahre 425 v. Chr.; während seiner Lebzeiten war er ein griechischer Historiograph, Geograph und Völkerkundler[19] und beschrieb in einem seiner Werke den Bau von mehreren Brücken. Eine davon war eine Brücke, die über den Fluss Euphrat führte und bei Babylon lag. Sie wurde Ende des 7. Jh. v. Chr. erbaut und maß eine Länge zwischen 120 und 200 Metern. Bei Ausgrabungen zu Beginn des 20. Jahrhunderts wurden Überreste von sieben Pfeilern dieser Brücke entdeckt, die mit einer Grundfläche von 9 x 20 Metern bemessen sind und aus den Baustoffen Ziegel, Stein und Holz bestehen.[20]

Es gibt ebenso erste Überlieferungen aus dem 6. Jh. v. Chr., in welchen Brücken erwähnt werden, die durch Römer erbaut wurden. Bei diesen Überlieferungen wird davon ausgegangen, dass es sich um Brücken handelte, welche noch vollständig aus Holz bestanden.[21] Auch von diesen Brücken ist heute keine mehr erhalten, was unter anderem daran liegt, dass sie einerseits in Kriegen oder durch Naturgewalten zerstört wurden[22], andererseits ebenfalls auch aus Holz konstruiert waren, einem Baustoff mit vergleichsweise nur geringerer Lebensdauer. Vor allem durch das Wasser faulten die darin stehenden Holzpfähle verhältnismäßig schnell.[23]

Erst ab dem 2. Jh. v. Chr. entstand der Bau von ersten Bogenbrücken, welche teilweise noch heute erhalten sind.

---

19 Vgl. http://de.wikipedia.org/wiki/Herodot [16.03.2008].
20 Vgl. BROWN, 1996, Seite 19.
21 Vgl. BROWN, 1996, Seite 20.
22 Vgl. JURECKA, 1979, Seite 65.
23 Vgl. MEHLHORN, 2007, Seite 14.

4.3 Der Bau von Bogenbrücken zu Zeiten der Römer

4.3.1 Aufbau der Bogenbrücke

Die erste in Rom erbaute Bogenbrücke war der Ponte Mulvius, welche ca. 200 v. Chr. erstellt wurde. Zwar musste sie schon nach zirka 100 Jahren wegen Baufälligkeit wieder abgerissen werden[24]; durch die Entwicklungen und Beherrschung von neuen Techniken konnten die römischen Brückenbauer jedoch neue, noch heute erhaltene Bogenbrücken entwickeln. Um dies zu ermöglichen, spielten drei Faktoren eine entscheidende Rolle:

1. Der erste Faktor war die Erfindung eines wasserbeständigen Zementes. Vermischt wurde er aus Wasser, Kalk, Sand und Tuff, einer durch vulkanische Eruption entstandenen Anhäufung von Auswurfprodukten (Pyroklastika), welche sich mit der Zeit, zu einer festen und zusammenhängenden Masse verdichtet[25]; diese Mischung ergab einen grundlegend wichtigen Stoff, um ein sicheres Brückenfundament errichten zu können.

2. Der zweite Faktor war die Entwicklung einer besonderen Methode für den Bau eines Fundamentes im Wasser. Hierbei handelte es sich um den Aufbau eines Kastendamms, welcher aus zwei Reihen von Baumstämmen bestand, die in das Flussbett gerammt wurden. Den Zwischenraum der Reihen füllten die Brückenbauer mit Lehm und entleerten das Wasser aus dem eingeschlossenen Bereich. Auf dem hierbei freigelegtem Boden wurde das Grundfundament der Brücke erbaut.

---

[24] Vgl. MEHLHORN, 2007, Seite 16.

[25] Vgl. http://de.wikipedia.org/wiki/Tuff [17.03.2008].

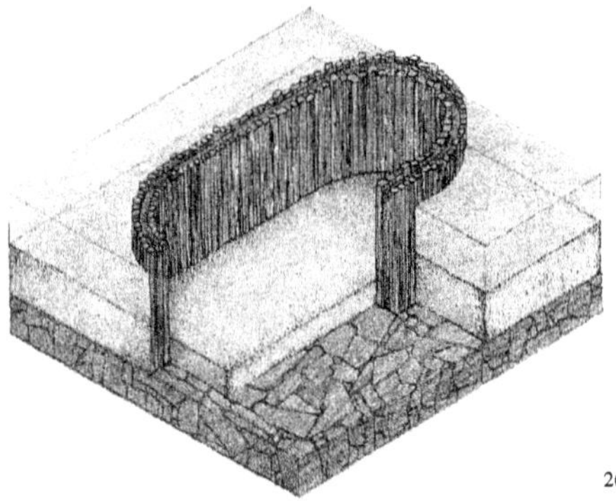

26

3. Der dritte Faktor war der Bau von Brücken mit Gewölbebögen. Mit Hilfe dieser halbrunden Bögen konnten die Bauherren größere Spannweiten zwischen den Pfeilern überbrücken, als es mit einfachen Steinbalken möglich gewesen wäre. Auch waren die Brücken dadurch fester, sicherer und haltbarer, als jede andere Konstruktion, welche mit den damaligen Mitteln hätte erstellt werden können.[27]

Beim Bau einer Bogenbrücke arbeiteten die Römer mit einem System, das den Bau von jeweiligen Einzelbögen beinhaltete. Hierbei gingen sie in der folgenden Reihenfolge voran:

1. Erstellung eines Kastendammes
2. Aufbau vom Fundament des Pfeilers
3. Errichtung des Pfeilers
4. Verbindung des neu erstellten Pfeilers, mit dem vorherigen, durch einen Rundbogen

Dieses System war möglich, da die seitlichen Schubkräfte der Rundbögen von den Fundamenten der beiden Pfeiler aufgefangen werden. Somit konnten die Römer damit beginnen, vom Ufer aus einzelne Bögen der Brücke nacheinander zu errichten. Hierdurch gestaltete sich der gesamte Brückenbau unkomplizierter, denn man umging so die Fertigung erst des gesamten Unterbaus, und somit jedes einzelnen Fundamentes.

---

[26] Vgl. Abbildung aus: BROWN, 1996, Seite 20.
[27] Vgl. BROWN, 1996, Seite 20.

4.3.2 Auswahl besonderer römischer Bogenbrücken

„Insgesamt sind mehr als tausend römische Brücken nachgewiesen;...“[28]

Eine Auswahl von drei Beispielen der damaligen Bogenbrücken, welche zwischen 150 v. Chr. und 100 n. Chr. in Rom bzw. im Römischen Reich errichtet wurden, sind in der folgenden Tabelle aufgelistet. Auch heute, nach mehr als 2000 Jahren, zeugen diese noch von dem großen Einfluss der Römer auf die kulturelle Entwicklung in Europa.

Name : Pons Fabricius[29]

Ort : Rom[30]

Baujahr : 62 v. Chr.[31]

Sie ist die älteste, noch komplett erhaltene Brücke der römischen Antike. Die beiden großen Bögen besitzen jeweils einen Durchmesser von 27,4 Metern und weisen damit für römische Verhältnisse eine außergewöhnliche Spannweite auf; die kleine Bogenöffnung, die sich oberhalb des Mittelpfeilers befindet, dient zur Verminderung des Gewichtes und zum Durchlass von Wasser, bei Überflutungen.[32]

[33]

[28] Vgl. BROWN, 1996, Seite 13.
[29] Vgl. MEHLHORN, 2007, Seite 20.
[30] Vgl. MEHLHORN, 2007, Seite 20.
[31] Vgl. MEHLHORN, 2007, Seite 20.
[32] Vgl. BROWN, 1996, Seite 24.
[33] Vgl. Abbildung aus: BROWN, 1996, Seite 24.

Name : Brücke über den Guadiana[34]

Ort : Mèrida Spanien[35]

Baujahr : 1.Jhrh. n. Chr.[36]

Insgesamt misst die Brücke eine Länge von 792 Metern und besteht aus insgesamt 59 Bögen, sie ist somit eine der längsten römischen Brücken. Weil die Brücke auch heute noch eine sehr wichtige Verkehrsverbindung darstellt, musste sie mehrfach repariert werden; daher sind nur noch zehn der Bögen unbearbeitet.[37]

Sie wurde außerdem im Dezember 1993 als ein Weltkulturerbe der UNESCO deklariert.[38]

[39]

[34] Vgl. MEHLHORN, 2007, Seite 23.
[35] Vgl. MEHLHORN, 2007, Seite 23.
[36] Vgl. MEHLHORN, 2007, Seite 23.
[37] Vgl. MEHLHORN, 2007, Seite 19.
[38] Vgl. http://de.structurae.de/structures/data/index.cfm?ID=s0002186 [19.03.2008].
[39] Vgl. Abbildung aus: http://de.structurae.de/photos/index.cfm?JS=37553 [19.03.2008], Fotograf: Gérard Métron.

Name : Brücke von Alcàntara[40]

Ort : Caceres Spanien[41]

Baujahr : 100 n. Chr.[42]

Die Brücke ist ein Meisterwerk des Gajus Julius Lacer und demonstrierte die Macht und den Einfluss des römischen Weltreiches, auch weit entfernt von Rom, in seiner Blüte. Mit einer Höhe von 50 Metern zum Wasserspiegel, ist sie die größte, damals errichtete Brücke.[43]

[44]

[40] Vgl. BROWN, 1996, Seite 25.
[41] Vgl. BROWN, 1996, Seite 25.
[42] Vgl. BROWN, 1996, Seite 25.
[43] Vgl. BROWN, 1996, Seite 25.
[44] Vgl. Abbildung aus: BROWN, 1996, Seite 25.

4.4 Brücken im Mittelalter

Nach dem Untergang des römischen Reiches stellte sich der Brückenbau, wie auch der Straßenbau, in Europa fast komplett ein. Erst in wenigen erhaltenen Nachrichten aus der Zeit von Karl dem Großen wird über den Ausbau von vorhandenen Brücken und die Erbauung einer eigenen Brücke in Mainz geschrieben. Jedoch stelle sich damals ein solch großes Bauvorhaben, sowohl für den Bauherrn, wie auch für die Bevölkerung, als ein kaum finanzierbares Vorhaben dar und wurde somit kaum durchgeführt.[45]

Erst während des 12. Jahrhunderts entwickelten sich in Europa wieder zahlreiche Pläne für neue Bauvorhaben. Zu diesen Bauvorhaben gehörte, neben dem Bau von großen Kathedralen und Klöstern, auch die Errichtung von neuen Brücken. Eine der ersten und noch immer sehr gut erhaltenen Brücken, ist die Steinerne Brücke in Regensburg. Sie wurde, mit großer Wahrscheinlichkeit, zwischen den Jahren 1135 und 1146 gebaut und bot den einzigen festen Donauübergang zwischen Ulm und Wien.[46]

[47]

Besonders stark aber entwickelte sich der Bau von Brücken, als ein Akt von christlicher Nächstenliebe, in Frankreich und Italien. Daher gründeten sich eigene Mönchsorden, deren primäres Ziel es war, Brücken über gefährlichen Übergängen zu errichten.[48] Viele Brücken wurden hierbei jedoch gleichzeitig dazu errichtet, um die Macht der Kirche und die Genialität des Erbauers zu preisen, wodurch sich auch neue Formen von Bögen entwickelten. Als anschauliches Beispiel hierfür dient die Saint-Bènezet Brücke, welche Ende des 12. Jahrhunderts in der französischen Stadt Avignon erbaut wurde.

---

45 Vgl. JURECKA, 1979, Seite 85.
46 Vgl. MEHLHORN, 2007, Seite 25.
47 Selbst geschossenes Bild vom 12.05.2007.
48 Vgl. BROWN, 1996, Seite 28.

49

Leider sind heute nur noch vier der früher insgesamt 21 Bögen dieser Brücke erhalten, man erkennt hierbei jedoch noch immer die für die damalige Zeit revolutionäre Konstruktion der Bögen.

> *„Anstelle eines halbrunden ... Bogens findet man hier elliptische Bögen, deren Kurve zum Scheitel hin flacher wird. Deshalb konnten die Pfeiler schmaler und die Bögen höher gesetzt werden, als dies bei halbrunden Bögen gleicher Spannweite der Fall gewesen wäre,...“*[50]

Einen besonders herausragenden Maßstab in der Entwicklung von Brücken während der Renaissance gab es jedoch in der italienischen Stadt Florenz. Eine der bedeutendsten Brücken, die den Fluss Arno überspannt, ist der Ponte Vecchio, welche dort in der heutigen Form, nach zwei Zerstörungen durch Hochwasser in den Jahren 1177 und 1333, seit 1345 unverändert steht. Besonders hebt sie sich, im Vergleich zu anderen Brücken, dadurch hervor, dass sich auf ihr Häuser und Geschäfte befinden; dies ist ein sehr seltenes Beispiel für mittelalterliche Brückenbebauung.[51] Eine weitere bedeutende Brücke in Florenz ist der Ponte Santa Trinità, auf deren Geschichte ich im nächsten Kapitel genauer eingehen werde.

[49] Vgl. Abbildung aus: BROWN, 1996, Seite 28.
[50] Vgl. BROWN, 1996, Seite 28-29.
[51] Vgl. BROWN, 1996, Seite 30.

5. Geschichte der Ponte Santa Trinità

Schon im Jahr 1252 wurde unter der Schirmherrschaft der Familie Frescobaldi die erste Brücke mit dem Namen Ponte Santa Trinità in Florenz erbaut. Ihren Namen, welcher wörtlich übersetzt „Brücke der Heiligen Dreifaltigkeit"[52] bedeutet, erhielt sie durch die nahe gelegene Kirche „Chiesa della Santa Trinità" (Kirche der Heiligen Dreifaltigkeit[53]). In Form einer „simplen" Holzkonstruktion war sie damals jedoch nicht mit der Konstruktion der heutigen Brücke vergleichbar. Sie konnte daher nur bedingt dem sehr großen Druck des Flusses Arno standhalten und brach schon im Jahr 1259, unter der zusätzlichen Last einer großen Menschenmenge, zusammen.

Nach diesem verheerenden Unfall wurde die Brücke wieder aufgebaut, jedoch nicht als hölzerne Rekonstruktion, sondern als steinerne Brücke. Im Jahr 1333 wurde sie ein weiteres Mal bei einem großen Hochwasser komplett zerstört. Der darauf folgende Wiederaufbau dauerte sehr lang; weshalb sie erst wieder im Jahr 1415 komplett fertig errichtet war.[54] Jedoch ein weiteres starkes Hochwasser zerstörte sie in der Mitte des 16. Jahrhunderts.

55

Hierauf erhielt der italienische Bildhauer und Architekt Bartolommeo Ammannati, welcher am 18.06.1511[56] in Settignano geboren wurde und am 13.04.1592[57] in Florenz starb, im Jahr 1555 den Auftrag, an der Stelle der alten Brücke eine neue Verbindung aufzubauen. Neben der Ponte Santa Trinità, waren fast alle seine Werke, wie beispielsweise die von ihm geschaffenen Statuen im Boboli-Garten oder die Mitarbeit an der Villa Giulia in Rom[58], sehr stark beeinflusst und geprägt durch die Werke seines Landsmannes Michelangelo Buonarroti (1475-1564). Daher hielt man den Ponte Santa Trinità

---

[52] Übersetzt durch http://translate.google.com/ [29.03.2008].
[53] Übersetzt durch http://translate.google.com/ [29.03.2008].
[54] Vgl. http://de.wikipedia.org/wiki/Santa-Trinita-Br%C3%BCcke [29.03.2008].
[55] Vgl. Abbildung aus: DIETRICH, 1998, Seite 134.
[56] Vgl. http://de.wikipedia.org/wiki/Bartolomeo_Ammanati [29.03.2008].
[57] Vgl. http://de.wikipedia.org/wiki/Bartolomeo_Ammanati [29.03.2008].
[58] Vgl. http://de.wikipedia.org/wiki/Bartolomeo_Ammanati [29.03.2008].

auch lange für ein Werk von Michelangelo; diese Einschätzung wurde erst durch neuere kunstgeschichtliche Forschungen widerlegt.[59]

> *Es war Ammannati, der die damals absolut neuartige Gestalt dieser Brücke entwarf. Er erfand die neue kühne Gewölbeform, ließ die Pfeiler raumgreifend und scharfkantig vorspringen und spannte das schlanke Band der Brückenbahn darüber. Es gab dem Bauwerk die harmonischen Proportionen und zeichnete die klaren Linien der Steinprofilierungen. Das einzige Zierwerk sind die Kartuschen an den Gewölbescheiteln und die Skulpturen an den Brückenaufgängen.*[60]

Insgesamt hatte die Brücke eine Flussbreite von zirka 105 Metern zu überspannen. Hierbei musste besonders darauf eingegangen werden, dass im Falle eines Hochwassers der Fluss Arno einen möglichst ungehinderten Ablauf haben müsse, damit die Brücke nicht von dem Druck des Wassers mitgerissen werden kann. Der Bau einer Brücke mit einem einzigen gewaltigen Bogen war zu der damaligen Zeit noch undenkbar und ist erst zu heutiger Zeit, mit der Verwendung von Stahl als Baumaterial, möglich. Auch eine Konstruktion von nur zwei Bögen war, wegen einer Spannweite von zirka 50 Metern pro Bogen, kaum möglich und widersprach außerdem dem damaligen Kanon zum Bau von Brücken. Daher entschied sich Ammannati dafür, die Brücke aus drei Bögen zu errichten, welche mit zwei Stirnpfeilern am Ufer und zwei Flusspfeilern verbunden wurden. Dieser Grundaufbau ähnelte dem Aufbau der Ponte Vecchio auf den ersten Blick sehr; Ammannati entschied sich daher jedoch dafür, die Spannweite der drei Bögen nicht identisch zu gestalten. Trotz der unterschiedlichen Länge erhielten alle drei Bögen das gleiche Pfeilverhältnis von 1:7, womit er das Verhältnis der Ponte Vecchio übertraf, welches bei 1:6,5 liegt. Beide dieser Pfeilverhältnisse waren etwas Besonderes, wenn man das damalige gängige Pfeilverhältnis betrachtet, welches zwischen 1:4 und 1:3 lag.[61] Der Bau der Ponte Santa Trinità war am 15. September 1569 vollendet.[62]

Hierbei ist besonders hervorzuheben, dass es zu der damaligen Zeit weder statische Berechnungen noch genaue schriftliche Darstellungen über Erfahrungen gab, die für den Bau einer derartigen Gewölbekonstruktion hätten hilfreich sein können.

---

[59] Vgl. DIETRICH, 1998, Seite 134.
[60] Vgl. DIETRICH, 1998, Seite 135.
[61] Vgl. HEINRICH, 1983, Seiten 114-116.
[62] Vgl. KURRER, 2002, Seite 119.

Während des siebzehnten Jahrhunderts wurden zusätzlich an den Ecken der Brücke vier allegorische Figuren errichtet, welche die vier Jahreszeiten darstellen sollen. Die beiden Figuren, die den Winter und den Frühling repräsentieren, schuf der Künstler Pietro Francavilla, wohingegen die anderen beiden Figuren, Sommer und Herbst repräsentierend, von John Caccini stammen. Anlass für ihre Erschaffung und Aufstellung war die Feier der Hochzeit von Cosimo II. de' Medici und Maria Magdalena von Österreich.[63]

Inverno (Winter) | Primavera (Frühling) | Estate (Sommer) | Autunno (Herbst)

64

65

66

67

[63] Vgl. http://it.wikipedia.org/wiki/Ponte_Santa_Trinita [22.04.2008].

[64] Dieses Bild basiert auf dem Bild „Ponte santa trinita, primavera.JPG" aus der freien Enzyklopädie Wikipedia und steht unter der GNU-Lizenz für freie Dokumentation. Der Urheber des Bildes ist corrente.

[65] Dieses Bild basiert auf dem Bild „Ponte santa trinita, inverno 2.JPG" aus der freien Enzyklopädie Wikipedia und steht unter der GNU-Lizenz für freie Dokumentation. Der Urheber des Bildes ist corrente.

[66] Dieses Bild basiert auf dem Bild „Ponte santa trinita, estata.JPG" aus der freien Enzyklopädie Wikipedia und steht unter der GNU-Lizenz für freie Dokumentation. Der Urheber des Bildes ist corrente.

[67] Dieses Bild basiert auf dem Bild „Giovanni Caccini - Autunno . Ponte Santa Trinita.jpg" aus der freien Enzyklopädie Wikipedia und steht unter der GNU-Lizenz für freie Dokumentation. Der Urheber des Bildes ist corrente.

Erneut zerstört wurde die Brücke während des zweiten Weltkrieges in der Nacht zum 4. August 1944[68]. Diesmal war jedoch nicht die Natur für diese Tragödie verantwortlich, sondern deutsche Truppen, die sie aus kriegerisch-taktischen Beweggründen bei ihrem Rückzug aus Florenz sprengten.

69

1952 beschloss die Stadt Florenz darauf, dass der Ponte Santa Trinità in ihrem originalgetreuen Aufbau wieder errichtet werden sollte. Dies geschah unter dem maßgeblichen Einfluss von zahlreichen florentinischen Fachleuten, die sich nachdrücklich gegen einen Nachbau der Brücke aus Beton einsetzten. Die Leitung des Wiederaufbaues übernahm der florentinische Architekt Ricardo Gizdulich. Dieses rekonstruierende Bauvorhaben war unter anderem dadurch möglich, dass Ricardo Gizdulich schon kurz nach der Sprengung der Ponte Santa Trinità, im Auftrag der „Trümmerkommission" von Florenz, mit der Bergung von Bruchstücken der ursprünglichen Brücke aus dem Arno begann.

[68] Vgl. KINDER / HILDEMANN, 1984, Seite 211.
[69] Vgl. Abbildung aus: BELLUZZI / BELLI, 2003, Seite 158.

[70]

Diese Bruchstücke wurden dabei sowohl nummeriert, wie auch katalogisiert, wodurch sie beim späteren Wiederaufbau originalgetreu wieder verwendet werden konnten.[71]

Über die Form des Korbbogengewölbes gab es zu der damaligen Zeit jedoch unterschiedliche Meinungen. Einige der Ingenieure, die sich mit der statischen Berechnung der Brücke befassten, waren unter anderem der Ansicht, dass es sich bei dem Gewölbebau der Ponte Santa Trinità um eine liegende quadratische Parabel handelte. Ricardo Gizdulich fand jedoch durch eigene Untersuchungen heraus, dass es sich um eine Kettenlinie handeln müsste, welche durch den Kosinus Hyperbolicus aufgebaut sei.

[72]

[70] Vgl. Abbildung aus: PAOLETTI, 1987, Seite 95.
[71] Vgl. DIETRICH, 1998, Seite 138.
[72] Vgl. Abbildung aus: BELLUZZI und BELLI, 2003, Seite 234.

73

Er setzte sich mit seinen Vermutungen auch durch und begann 1955 mit dem Wiederaufbau der Brücke. Die Dauer des Wiederaufbaues betrug insgesamt drei Jahre und endete im Mai 1958. Die endgültige Restauration der Figuren, welche die vier Jahreszeiten darstellen, benötigte jedoch noch einige Jahre länger und so konnten sie erst im Jahr 1961 wieder an den Ecken der Brücke errichtet werden.[74]

[73] Vgl. Abbildung aus: DIETRICH, 1998, Seite 138.
[74] Vgl. http://it.wikipedia.org/wiki/Ponte_Santa_Trinita [22.04.2008].

6. Mögliche Konstruktionen der Ponte Santa Trinità vor 1944

Basierend auf der kontroversen Einschätzung der sich mit dem Aufbau befassten Ingenieure zur möglichen Konstruktion der Brücke, befasse ich mich im folgenden Teil sowohl mit der Konstruktionsvariante des sechsfachen Korbbogens, wie auch mit der Konstruktion durch eine Kettenlinie. Hierfür verwendete ich unter anderem das Programm GeoGebra 3.0, das im folgenden Abschnitt noch einmal kurz vorgestellt wird.

6.1 GeoGebra 3.0

Bei GeoGebra 3.0 handelt es sich um eine kostenlose Mathematiksoftware. Sie wurde, in ihrer ersten Version, 2001 von Markus Hohenwarter veröffentlicht und wird auch heute noch regelmäßig weiterentwickelt. Das Programm dient, als dynamisches Geometriepaket, zu Konstruktionen mit Punkten, Vektoren, Strecken, Geraden, Kegelschnitten oder Funktionen; ebenfalls dient es auch zur Eingabe von eigenen Gleichungen und Koordinaten, zum Rechnen mit Zahlen, Vektoren bzw. Punkten, liefert Ableitungen und Integrale von Funktionen. Durch seine einerseits einfachen Bedieneroberfläche und andererseits der Möglichkeit zur Eingabe von eigenen Formeln und Variablen, ist GeoGebra 3.0 ein sehr hilfreiches Programm im Schulunterricht, sowohl für den Einsatz in der Mittelstufe, wie auch für die Oberstufe. Meiner Ansicht nach kann man sich sogar in der Grundschule schon mit dem Programm befassen und mit den Schülern erste Erkundungen in Bezug zur Geometrie machen. Im Laufe der letzten Jahre erhielt das Programm auch mehrere Auszeichnungen, wie beispielsweise 2002 den EASA: Europäischer Bildungssoftware Preis (Ronneby, Schweden), 2004 den Comenius: Deutscher Bildungsmedien Preis (Berlin), 2005 den Trophées du Libre: Internationaler Open Source Software Preis, Kategorie Bildung (Soisson, France) und 2008 den AECT Distinguished Development Award: Association for Educational Communications and Technology (Orlando, USA).[75]

[75] Vgl. http://www.geogebra.org/cms/index.php?option=com_content&task=blogcategory [19.05.2008].

Im Folgenden verwende ich die Version 3.0 von GeoGebra, die am 09. August 2007 veröffentlicht wurde. Informationen zu neueren Versionen sind unter http://www.geogebra.org/ zu finden.

6.2 Konstruktion anhand eines Korbbogens

In diesem Abschnitt werde ich nun auf den möglichen Aufbau der Ponte Santa Trinità durch einen Korbbogen eingehen, ausgehend vom heutigen, allgemeinen Aufbau eines sechsfachen Korbbogens, dessen Aufbau sich der möglichen früheren Konstruktion der Ponte Santa Trinità annähert.

6.2.1 Definition des Korbbogens

> *„Der **Korbbogen** ist eine Weiterentwicklung des Segmentbogens, bei dem der Krümmungsradius im Bogenverlauf verändert wird. Die Krümmung verstärkt sich in Richtung Widerlager. Nach Anzahl der Mittelpunkte lässt sich der Bogen strecken. Bogen mit drei oder fünf Mittelpunkten sind die Regel."*[76]

Die Stichhöhe eines Rundbogens liegt im Durchschnitt bei 1:3 bis 1:4 der gesamten Spannweite des Bogens.[77] Vergleicht man diesen Durchschnitt mit der Stichhöhe der Ponte Santa Trinità, welche im Verhältnis 1:7 zur Spannweite liegt, ist schon die Besonderheit ihrer Bogenform sehr klar zu erkennen.

---

[76] Vgl. http://de.wikipedia.org/wiki/Bogen_(Architektur) [06.04.2008].

[77] Vgl. http://www.lbs-wals.salzburg.at/vwrl/wrl-m/bogen/korbbo/korbbo.htm [06.04.2008].

6.2.2 Aufbau des sechsfachen Korbbogens

Als Hilfsmittel für den Aufbau des sechsfachen Korbbogens verwende ich die Internetseite der Landesberufsschule Wals[78] und GeoGebra 3.0.; den Aufbau für den sechsfachen Korbbogen habe ich in sieben Schritte unterteilt.

1. Zum Beginn des Baues eines Korbbogens ist die feste Spannweite des Bogens festzulegen. Die dabei entstehenden Enden dieser Spannweite sind die Kämpferpunkte des Korbbogens, wodurch die Kämpferlinie gleich der Spannweite ist. Der Mittelpunkt der Spannweite entspricht dadurch ebenfalls dem Mittelpunkt der Kämpferlinie und wird mit der Bezeichnung *M* hervorgehoben.

2. Auf den Mittelpunkt *M* wird eine Mittelsenkrechte angelegt und auf diese zusätzlich der Scheitelpunkt des Bogens gesetzt, welcher als *H*5 benannt wird. Dessen Abstand zu *M* ergäbe die Stichhöhe des Bogens, wenn es sich bei dem Bogen um einen fünffachen Korbbogen handeln würde. Die endgültige Stichhöhe des sechsfachen Korbbogens wird sich erst im siebten Schritt ergeben. In diesem Beispiel wird eine Stichhöhe von 1:4 zur Spannweite angewandt.

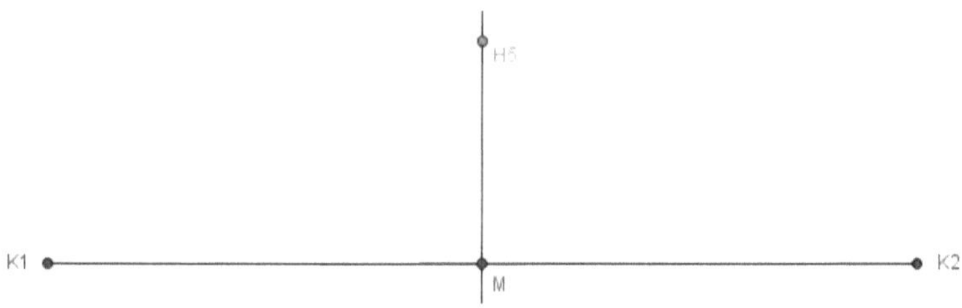

[78] Vgl. http://www.lbs-wals.salzburg.at/vwrl/wrl-m/bogen/korbbo/korbbo.htm [06.04.2008].

3. Hiernach wird eine Hilfsgerade gezogen, welche von $K1$ aus verläuft und im Verhältnis von -90° zu $\overrightarrow{K1M}$ liegt. Bezeichnet wird diese als hg. Außerdem wird eine zweite Gerade hinzugefügt, welche von Punkt $H5$ aus verläuft und einen Winkel von -45° zu $\overrightarrow{H5M}$ hat. Die Schnittpunkte dieser Geraden mit hg und $\overrightarrow{K1M}$ sind die Punkte $S1$ und $S2$.

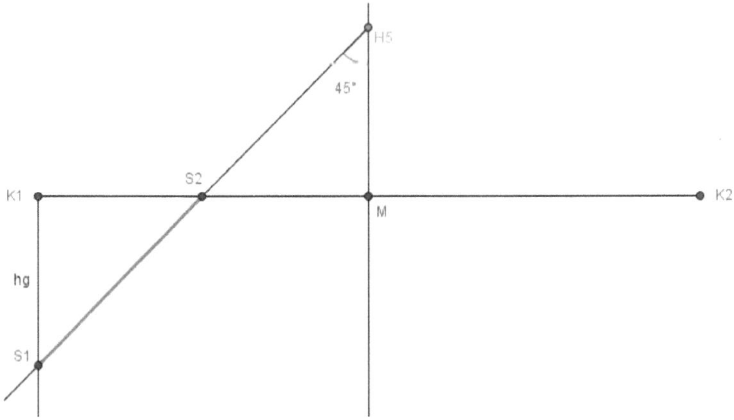

4. Die Länge $\left|\overrightarrow{S1S2}\right|$ wird von M ausgehend, sowohl zu $K1$, wie auch zu $K2$ hin, angelegt und die jeweiligen Endpunkte werden als $M1$ und $M6$ bezeichnet. Der besseren Übersicht wegen habe ich hierbei die Gerade, welche von $H5$ aus durch $S2$ und $S1$ verläuft, der Graphik entnommen. Außerdem wird von M aus, in die entgegen gesetzte Richtung zu $H5$, eine Gerade mit der Länge $\left|\overrightarrow{S1S2}\right|$ angelegt und der entstandene Endpunkt mit A benannt. Dieser Vorgang wird an A wiederholt, wodurch sich der Endpunkt $A2$ ergibt.

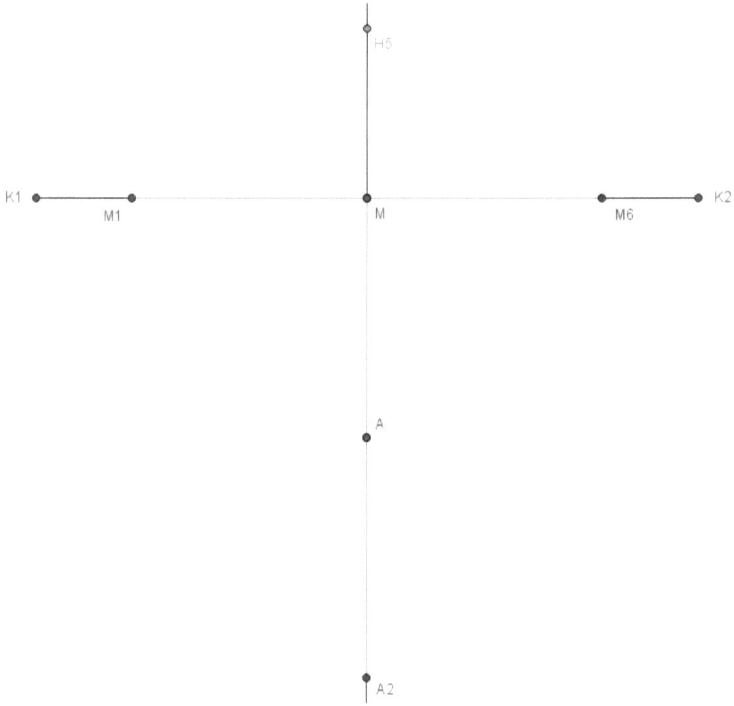

5. Im nächsten Schritt wird von A aus eine Gerade gezogen, welche durch $M1$ verläuft. Diese erhält die Bezeichnung $g1$. Am Winkel $\uparrow M1MA$ wird zusätzlich eine Winkelhalbierende eingezeichnet und deren Schnittpunkt mit der Geraden $\overrightarrow{AM1}$ gleich $M2$ genannt. Die Gerade $g1$ und der Punkt $M2$ werden zusätzlich an $\overrightarrow{MA2}$ gespiegelt, wodurch $M5$ und $g4$ entstehen.

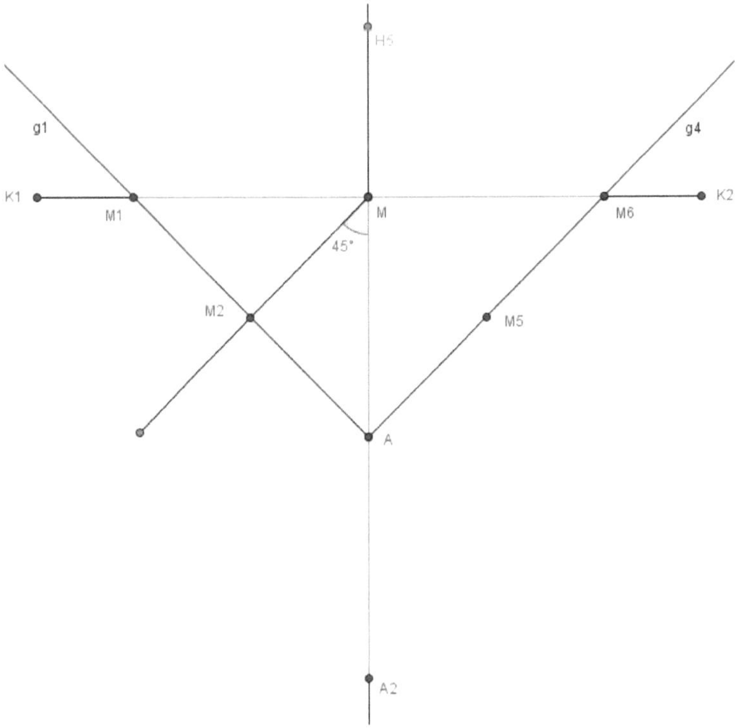

6. Eine weitere Gerade $g2$ wird nun folgend durch $M2$ und $A2$ gezogen und zusätzlich der Punkt $M4$ auf diese Gerade gesetzt. Der Abstand von $M4$ zu $A2$ beeinflusst hierbei die endgültige Höhe des Scheitels des sechsfachen Korbbogens. Sowohl $g2$, wie auch $M4$ werden wiederum an der Mittelsenkrechten gespiegelt und als $g3$ und $M3$ benannt.

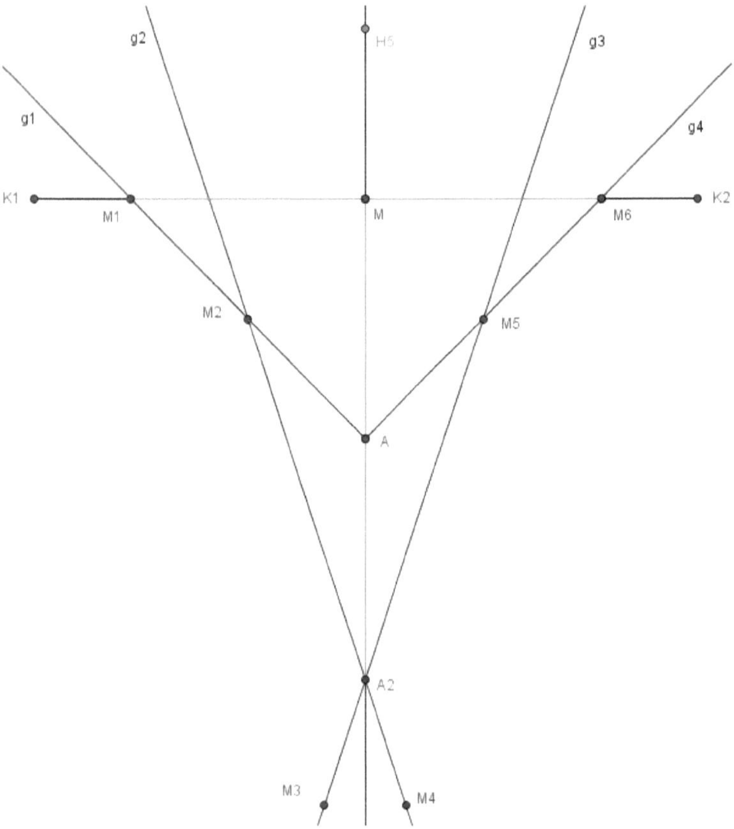

7. Nun sind alle nötigen Punkte für die endgültige Konstruktion des Korbbogens vorhanden. Hierfür wird ein Teilkreis von $K2$ bis zur Geraden $g4$ gezogen, dessen Mittelpunkt $M6$ ist. Von dem darauf entstandenen Schnittpunkt mit $g4$ aus, wird ein Teilkreis, mit dem Mittelpunkt $M5$, bis zu $g3$ gezogen. Hiervon ausgehend wird wiederum ein Teilkreis mit dem Mittelpunkt $M3$ bis zum Schnittpunkt mit der Mittelsenkrechten erstellt. Die verbliebenen Teilkreise des Korbbogens, welche als Mittelpunkte $M4$, $M2$ bzw. $M1$ erhalten, werden auf die gleiche Art wie die vorherigen drei Teilkreise erstellt. Der Schnittpunkt der Teilkreise, die $M3$ bzw. $M4$ als Mittelpunkte haben, ist der endgültige Scheitelpunkt des sechsfachen Korbbogens $H6$. Durch eine gleichmäßige Versetzung von $M3$ und $M4$ kann seine Höhe beliebig variiert werden.

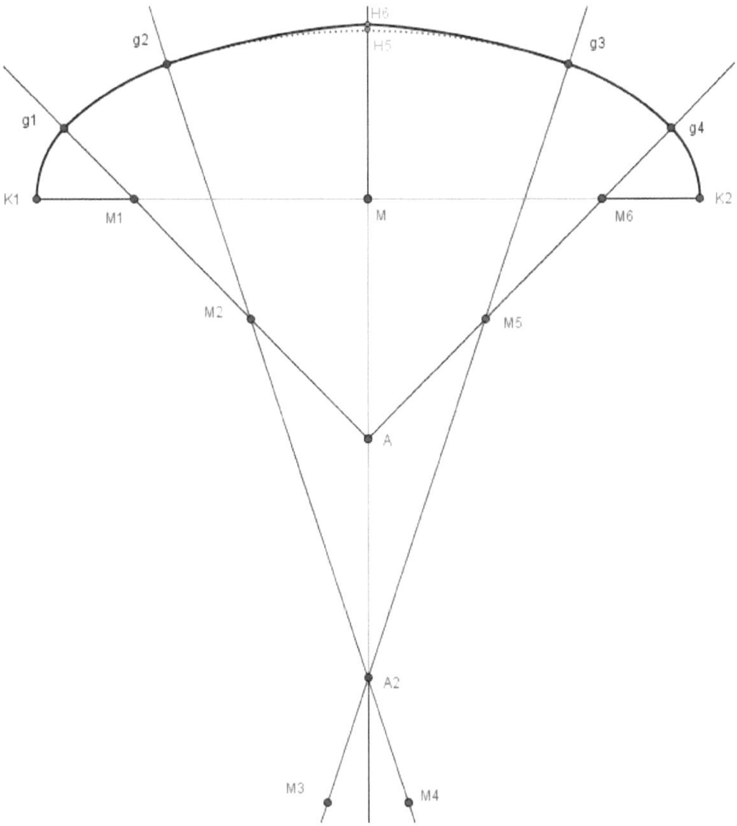

6.2.3 Mögliche Konstruktion durch einen sechsfachen Korbbogen

Zum möglichen früheren Aufbau der Ponte Santa Trinità durch einen sechsfachen Korbbogen, können in der heutigen Zeit nur noch Spekulationen aufgestellt werden. Die Gründe hierfür sind, neben der Zerstörung im Jahre 1944, fehlende Originalquellen der Konstruktion aus dem 16. Jahrhundert. In den folgenden Jahrhunderten machten sich jedoch immer wieder Wissenschaftler und Bautechniker Gedanken über den Aufbau der Brücke. Ein ganzes Werk zu der Brücke wurde im Jahr 1808 von Pietro Ferroni geschrieben. Pietro Ferroni, der von 1745 bis 1825 in Italien lebte, war zu seiner Zeit einer der größten Wissenschaftler Italiens und lehrte Mathematik in Pisa; daher werde ich auf die folgende Zeichnung aus seinem Buch genauer eingehen.

DELLA VERA CURVA
DEGLI ARCHI
DEL PONTE A S. TRINITA DI FIRENZE
DISCORSO GEOMETRICO-STORICO
DEL SIG. PIETRO FERRONI
Inserito nel Tomo XIV
della Società Italiana delle Scienze.
VERONA
DALLA TIPOGRAFIA DI GIOVANNI GAMBARETTI
1808.

79

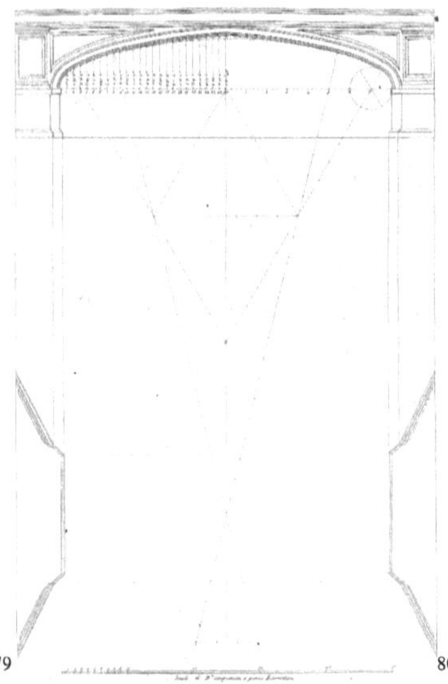

80

[79] Vgl. Abbildung aus: FERRONI, 1808, Titelblatt.
[80] Vgl. Abbildung aus: FERRONI, 1808, Seite 46.

Voranzustellen ist die Feststellung, wie hilfreich sich in der heutigen Zeit die Anwendung von Computersoftware bei der Analyse einer solchen Zeichnung erweist. Bei einer ersten und vorläufig reinen Betrachtung der beiden, in der Zeichnung verwendeten Maßeinheiten könnte die Annahme entstehen, dass drei Maßeinheiten in $\overrightarrow{K1M}$ gleich einer Maßeinheit in $\overrightarrow{K2M}$ sind. Dies würde aber bedeuten, dass die Länge $\overrightarrow{K1M}$ um 1/25 größer sei als die Länge $\overrightarrow{K2M}$ und somit ein Fehler in der Zeichnung vorhanden wäre. Durch die Verwendung der Software GeoGebra 3.0 kann dies jedoch schnell widerlegt werden.

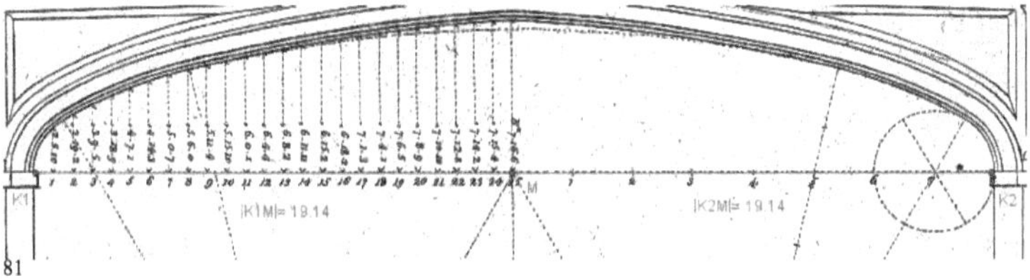

[81]

Hierbei ist eindeutig zu erkennen, dass $\left|\overrightarrow{K1M}\right| = \left|\overrightarrow{K2M}\right|$ ist und daher die Maßeinheit in $\overrightarrow{K2M}$ gleich der Maßeinheit in $\overrightarrow{K1M}$ * 3,125 ist.

Alle für den weiteren Verlauf wichtigen Bezeichnungen von Punkten oder Geraden habe ich in dem Bild, welches sich auf der folgenden Seite befindet, noch einmal speziell hervorgehoben.

[81] Vgl. Abbildung aus: FERRONI, 1808, Seite 46.

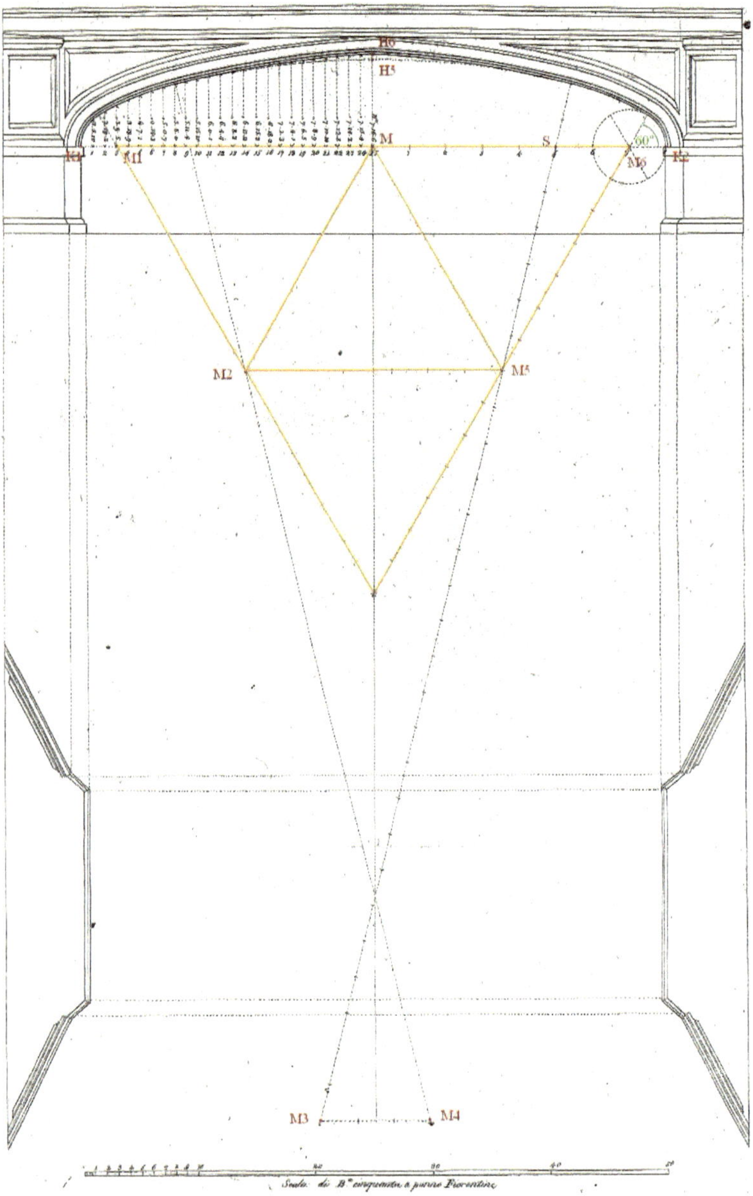

82

---

[82] Vgl. Abbildung aus: FERRONI, 1808, Seite 46.

Durch einen Vergleich dieser möglichen Konstruktion, welche Ammannati zu der damaligen Zeit hätte angewandt haben können, mit einer heutigen allgemeinen Konstruktion eines sechsfachen Korbbogens, erkennt man, dass zwar Schritt 1 und Schritt 2 noch identisch sind, jedoch schon die Anwendung von Schritt 3 der Abfolge bei dieser Konstruktion nicht möglich wäre. Da zu der damaligen Zeit noch keine Aufzeichnungen zu dem Bau einer Korbbogenbrücke mit solchen Ausmaßen vorhanden waren, muss mit einer anderen Betrachtungsweise heran gegangen werden, als es in der heutigen Zeit möglicherweise üblich wäre.

Betrachtet man in der Zeichnung den Kreis, welcher um $M6$ gezogen wird, so erkennt man einen festgelegten Radius des Kreises. Dieser Radius hat eine Länge von 1:8 zu $|\overrightarrow{MK2}|$. Außerdem ist dieser Kreis in sechs gleichgroße Kreissektoren aufgeteilt. Diese sechs Kreissektoren haben daher folglich jeweils einen Winkel von $60°$. Durch den gleichen Vorgang am Punkt M entsteht hier ein identischer Kreis, wie um $M6$. Mit der Verlängerung der Trennlinien zwischen dem fünften und sechsten Kreissektor, des Kreises um M und der Verlängerung der Trennlinien zwischen dem vierten und fünften Kreissektor, des Kreises um $M6$, entsteht ein gleichseitiges Dreieck mit den Seitenlängen von $|\overrightarrow{MM6}|$. Der hierbei entstandene dritte Eckpunkt des gleichseitigen Dreiecks wird auch zum Mittelpunkt des fünften Kreisbogens und als $M5$ bezeichnet. Der Radius dieses Kreisbogens hat eine Länge von $|\overrightarrow{M5M6}| + |\overrightarrow{M6K2}|$ und ist daher identisch zu $|\overrightarrow{MK2}|$. Die Größe des fünften Kreisbogens wird durch eine Gerade vollendet, welche durch die Punkte $M5$ und einem beliebigen Punkt auf $\overrightarrow{MK2}$ verläuft. Der beliebige Punkt liegt in diesem Fall bei 5/8 von $\overrightarrow{MK2}$ und erhält die Bezeichnung S.

Die Punkte $M1$ und $M2$ können hierbei entweder durch ein identisches Verfahren, wie es bei den Punkten $M6$ und $M5$ der Fall war, oder auch durch Spiegelung der Punkte $M6$ und $M5$ an der Mittelsenkrechten, welche durch M verläuft, erstellt werden.

Die Punkte $M3$ und $M4$ sind wiederum auf die gleiche Weise erstellt worden, wie unter Schritt 6 in „6.2.2 Aufbau des sechsfachen Korbbogens“ beschrieben. Warum Ammannati sich jedoch für diesen Abstand der Punkte $M3$ und $M4$ voneinander entschieden haben könnte, bleibt eine offene Frage. Man kann hierbei nicht davon ausgehen, dass es Ammannatis Ziel war, einen bestimmten Abstand zwischen $H5$ und $H6$ zu erreichen; vielmehr setzte er die Punkte $M3$ und $M4$ bei 2/5 und 3/5 des horizontalen Durchmessers an, wodurch sich dieser Abstand zwischen $H5$ und $H6$ ergibt.

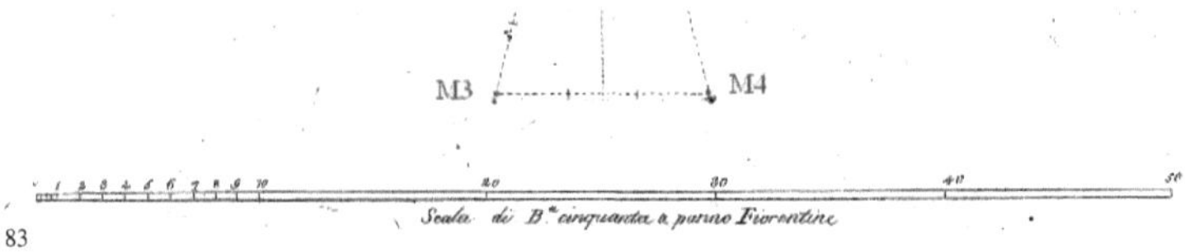

[83]

[83] Vgl. Abbildung aus: FERRONI, 1808, Seite 46.

6.3 Konstruktion anhand einer Kettenlinie

6.3.1 Definition der Kettenlinie

Bei einer Kettenlinie, die auch mit den Begriffen Kettenkurve oder Katenoide benannt wird, handelt es sich es sich um eine besondere mathematische Kurve. Sie beschreibt den Durchhang einer beliebigen Kette, welche an ihren Enden, den Aufhängepunkten, aufgehängt wird und dabei unter dem Einfluss der Schwerkraft steht.[84] Die Form der Kettenlinie hängt nicht von ihrem eigenen Gewicht pro Längeneinheit ab, sondern bezieht sich ausschließlich auf die Lage ihrer Aufhängepunkte und die Länge der Kette.[85]

An dem folgenden Foto kann man dies sehr gut erkennen. Zwar bestehen alle hier zu sehenden Ketten aus unterschiedlichen Materialien und haben damit auch kein gleiches Gewicht, jedoch sind sie alle von der gleichen Länge bzw. an denselben Aufhängepunkten befestigt und haben so einen identischen Durchhang.

[86]

Zur Berechnung einer beliebigen Kettenlinie, welche an zwei verschiedenen Punkten aufgehängt ist, wird die mathematische Funktion $y(x) = a\cosh(\frac{x}{a}) + b$ verwendet.[87] Die hierbei angewandte mathematische Funktion cosh steht für den Kosinus Hyperbolicus.

---

[84] Vgl. http://de.wikipedia.org/wiki/Katenoide [12.04.2008].
[85] Vgl. http://mathsrv.ku-eichstaett.de/MGF/homes/grothmann/Projekte/Kettenlinie/geschichte.html [23.04.2008].
[86] Bild von Herrn Schaper [05.05.2008].
[87] Vgl. http://de.wikipedia.org/wiki/Katenoide [12.04.2008].

6.3.2 Kosinus Hyperbolicus

Beim Kosinus Hyperbolicus handelt es sich um eine von insgesamt sechs mathematischen Hyperbelfunktionen, welche mit cosh abgekürzt wird. Die weiteren fünf Hyperbelfunktionen sind der Sinus Hyperbolicus, der Tangens Hyperbolicus, der Kotangens Hyperbolicus, der Sekans Hyperbolicus und der Kosekans Hyperbolicus[88], auf welche ich in dieser Arbeit jedoch nicht weiter eingehen werde, da sie thematisch nicht zutreffen.

6.3.2.1 Definition des Kosinus Hyperbolicus

Die Definition des Kosinus Hyperbolicus lautet wie folgt:

$$\cosh(x) = \frac{1}{2}(e^x + e^{-x})$$

Der Definitionsbereich verläuft hierbei von $-\infty < x < +\infty$, wohingegen der entsprechende Wertebereich $f(x)$ zwischen 1 und Unendlich liegt ($1 \leq f(x) < +\infty$). Für $x < 0$ bzw. $x > 0$ ist der Kosinus Hyperbolicus streng monoton fallend bzw. streng monoton steigend; Er hat somit bei $x = 0$ seinen Scheitelpunkt. Außerdem liegt eine Symmetrie an der Ordinatenachse vor.[89]

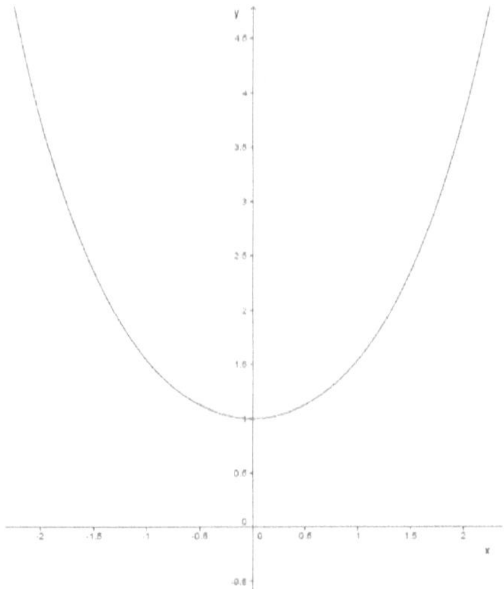

[88] Vgl. http://de.wikipedia.org/wiki/Hyperbelfunktion [15.04.2008].
[89] Vgl. http://de.wikipedia.org/wiki/Kosinus_Hyperbolicus [15.04.2008].

6.3.2.2 Vergleich zwischen dem Kosinus Hyperbolicus und einer Parabel

Bei der ersten Betrachtung der Funktion scheint der Kosinus Hyperbolicus auf die gleiche Weise wie eine Parabel zu verlaufen. Dieses wurde auch lange Zeit für wahr gesehen und sogar in den Werken von Galileo Galilei bewiesen. Im Jahre 1646 bewies Christiaan Huygens, im jungen Alter von 17 Jahren, jedoch einen Fehler in Galileo Galileis Werk und zeigte, dass es sich bei beim Kosinus Hyperbolicus nicht um eine Parabel handeln könne. Aber erst über 40 Jahre später, im Jahr 1690, konnte das Problem der Kettenlinie von Gottfried Leibniz, Christiaan Huygens und Johann Bernoulli endgültig gelöst werden.[90]

Mit der Hilfe von heutiger Software ist der Unterschied zwischen dem Kosinus Hyperbolicus und einer Parabel leicht zu erkennen. Hierzu betrachtet man folgendes graphische Beispiel, bei welchem die Funktionen $f(x) = \cosh(x) - 1$ (Kosinus Hyperbolicus) und $g(x) = 0.53x^2$ (Parabel) an den Punkten (-0,87/0,4) und (0,87/0,4) aufgehängt werden. Eindeutig ist hierbei zu erkennen, dass beide Funktionen unterschiedlich verlaufen und so ein Unterschied zwischen dem Kosinus Hyperbolicus und einer Parabel vorhanden ist.

[90] Vgl. http://mathsrv.ku-eichstaett.de/MGF/homes/grothmann/Projekte/Kettenlinie/geschichte.html [23.04.2008].

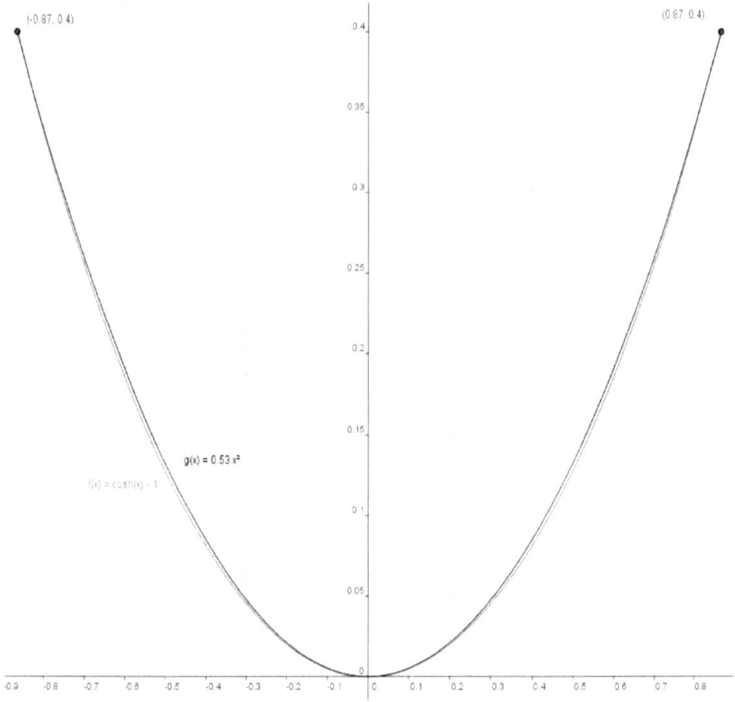
(-0.87, 0.4)
(0.87, 0.4)
g(x) = 0.53 x²
f(x) = cosh(x) - 1

6.3.3 Aufbau der Kettenlinie

Im Bezug zur Kettenlinie wird der Kosinus Hyperbolicus noch um die Variablen a und b erweitert. Die Variable a baut sich hierbei auf den Krümmungsradius des Krümmungskreises auf, welcher sich am Scheitelpunkt des Kosinus Hyperbolicus befindet.

> *„Der **Krümmungskreis** (auch **Schmiegekreis** oder **Schmiegkreis** genannt) zu einem bestimmten Punkt P=(x_0|y_0) einer ebenen Kurve C ist der Kreis, der die Kurve in diesem am besten annähert.*
> *Sein Radius, der Krümmungsradius, ist der Kehrwert der Krümmung der Kurve in (x_0|y_0). Seine Tangente in diesem Punkt stimmt mit der Tangente der Kurve überein.*
> *Da die Krümmung einer Kurve im Allgemeinen örtlich variiert, schmiegt sich die Kurve im Allgemeinen nur in einer infinitesimal kleinen Umgebung an den Krümmungskreis ran.“*[91]

Der Radius einer Kurve mit der Parameterdarstellung $\vec{x}(t) = \begin{pmatrix} x_1(t) \\ x_2(t) \end{pmatrix}$ wird folgend dargestellt:

$$r = \left(\frac{(x'_1(t)^2 + x'_2(t)^2)^{\frac{3}{2}}}{x'_1(t) \cdot x''_2(t) - x''_1(t) \cdot x'_2(t)} \right)$$

Bezogen auf den Krümmungsradius für eine Funktion f(x), mit der Transformation von $x \to t$ und $f(x) \to f(t)$ ist die Parameterdarstellung jetzt:

$$\vec{x}(t) = \begin{pmatrix} t \\ f(t) \end{pmatrix}.$$

Die nötigen Ableitungen für die Berechnung von r, welche hierbei die erste und zweite Ableitung sind, sehen wie folgt aus:

$$\frac{d}{dt}t = 1; \qquad \frac{d^2}{dt^2}t = 0$$

$$\frac{d}{dt}f(t) = f'(t); \quad \frac{d^2}{dt^2}f = f''(t)$$

[91] Vgl. http://de.wikipedia.org/wiki/Kr%C3%BCmmungskreis [10.05.2008].

Der Krümmungsradius einer Funktion an der Stelle $(x_0 | \; f(x_0))$ wird, nach einsetzen in r, somit berechnet durch:

$$r(x_0) = \left(\frac{(1 + f'(x_0)^2)^{\frac{3}{2}}}{f''(x_0)} \right)$$

An dem Vergleich der folgenden zwei Beispiele mit $a = 1$ und $a = 2{,}5$ ist deutlich zu erkennen, dass a jeweils dem Krümmungsradius im Scheitelpunkt identisch ist.

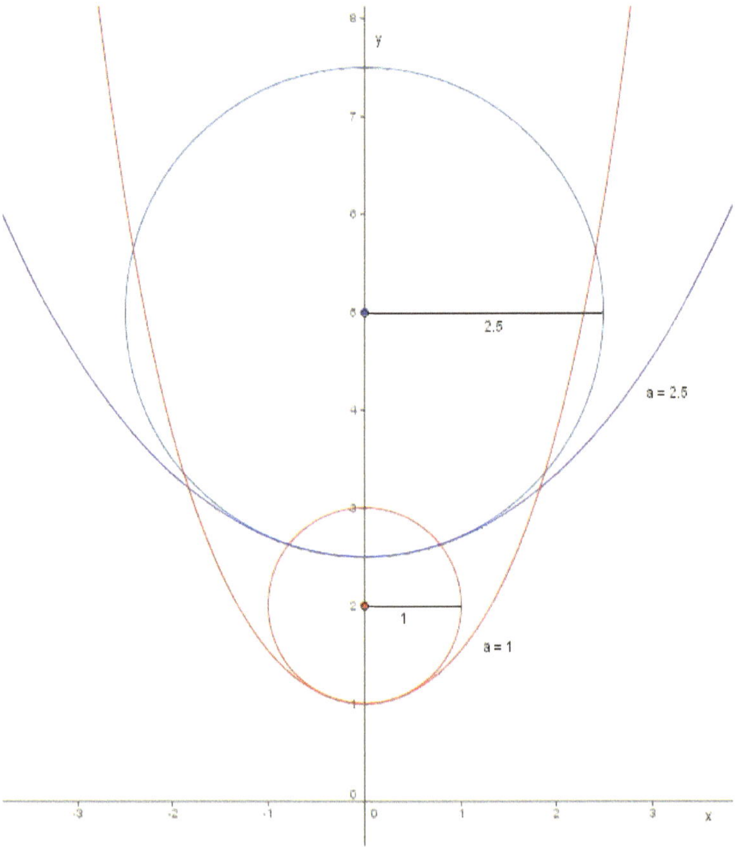

Durch das Variieren von a wird die Kosinus Hyperbolicus jeweils vergrößert. Hierzu soll der Unterschied der Funktion, mit verschiedenen Werten für a, dargestellt werden. Die Krümmungskreise im Scheitelpunkt, welche als Radius den jeweiligen Wert von a haben, habe ich aus Gründen der Übersicht nicht mit eingebunden.

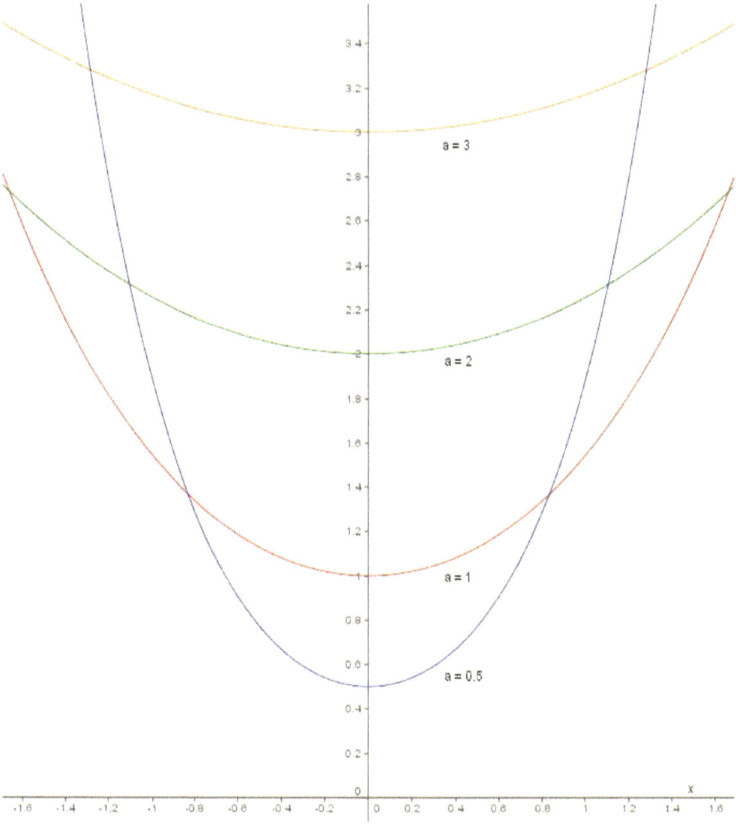

Durch eine Erweiterung von $y(x) = a\cosh(\frac{x}{a})$ um -b kann eine Kettenlinie um den Wert b auf der Ordinate verschoben werden. Die Variable b besteht, bezogen auf das hier angewandte Beispiel, aus -1 + a. Somit wird der Scheitelpunkt von allen vier Kettenlinien auf den Punkt (0/1) gesetzt.

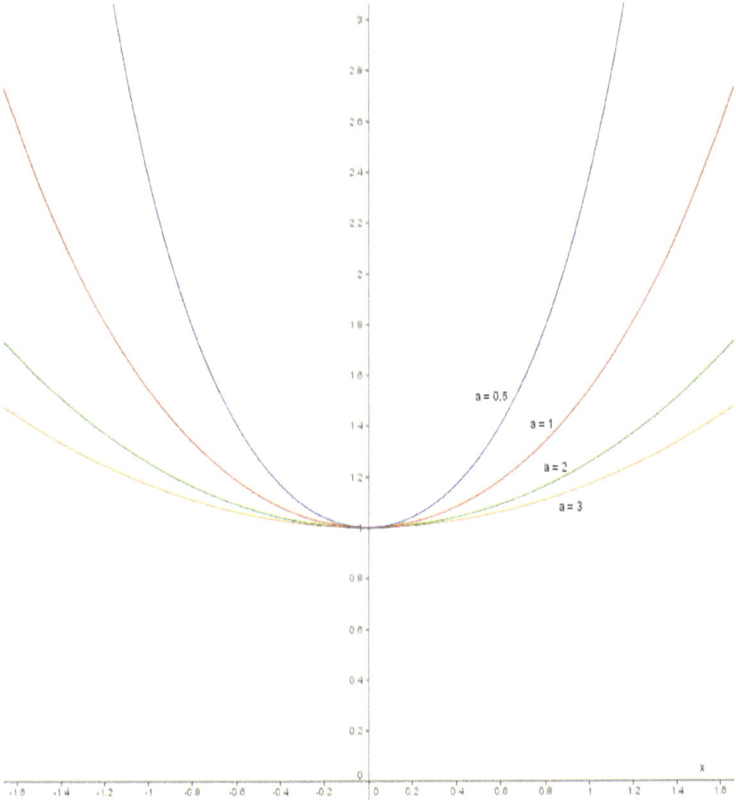

6.3.4 Rekonstruktion durch Gizdulich als Kettenlinie

Wie schon in dem Kapitel „5. Geschichte der Ponte Santa Trinità" beschrieben, ging Ricardo Gizdulich davon aus, dass die Konstruktion der Ponte Santa Trinità von Ammannati mit Hilfe einer Kettenlinie durchgeführt worden sei. Da es jedoch keine Informationen über diese möglicherweise von ihm damalig angewandte Baukonstruktion gibt, werde ich in diesem Kapitel auf den Wiederaufbau der Brücke im 20. Jahrhundert eingehen.

Durch Berechnungen und Experimente mit hängenden Ketten in der Realität, war Ricardo Gizdulich der Überzeugung, dass es sich bei der Bogenform der Ponte Santa Trinità um einen Kettenlinie gehandelt haben müsste. Zu einer möglichst realitätsgetreuen Berechnung der Kettenmaße wurden neben einfachen Zeichnungen auch andere Hilfsmittel angewandt. Beispielsweise ließ Gizdulich hierfür auch große Ketten aufhängen, wie auf dem folgendem Foto zu erkennen ist.

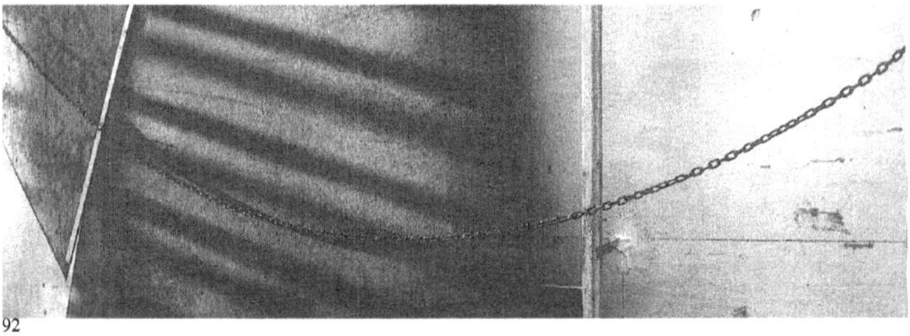

92

Für das Übertragen der Bogenform auf die Form der Brücke wurde die Kette an ihrem Scheitelpunkt um 90° gewendet, so dass der Scheitelpunkt gleich einem der beiden Kämpferpunkte ist.

93

[92] Vgl. Abbildung aus: PAOLETTI, 1987, Seite 98.
[93] Vgl. Abbildung aus: DIETRICH, 1998, Seite 139.

Jedoch konnte mit den geretteten Teilen der Brücke keine exakte halbe Kette erstellt werden. Aber durch einen weiteren Dreh der Kette am Scheitelpunkt um eine bestimmte Gradzahl, konnte die Brücke, nach Gizdulichs Ansicht, früher aufgebaut gewesen sein.

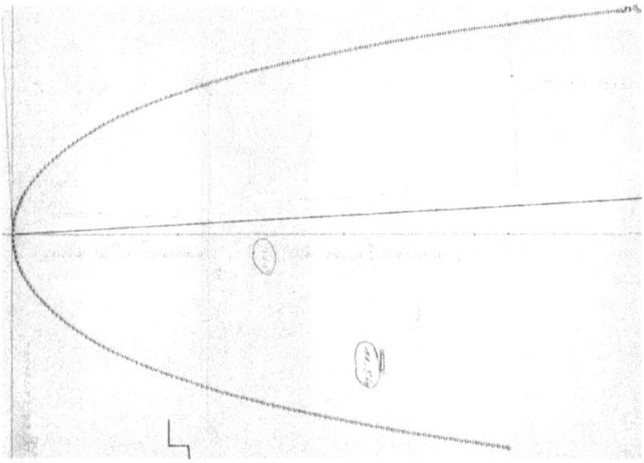

[94]

Hierbei bleibt leider unklar, wie groß der angewandte Winkel ist; auch in der verwendeten Literatur findet man hierfür keine Angaben. Aber mit Einsatz von entsprechender Software kann eine mögliche Winkelgröße bestimmt werden, die sich der realen Winkelgröße stark annähert. Hierbei ergibt sich eine Winkelgröße von zirka 3 1/3°.

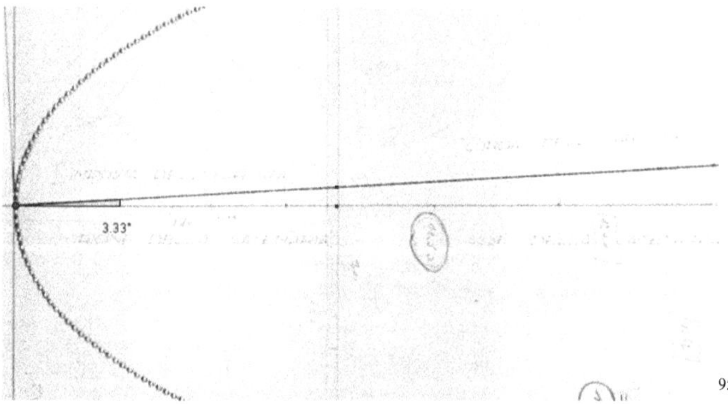

[95]

[94] Vgl. Abbildung aus: ROSSELLI, 1995, Seite 423.
[95] Vgl. Abbildung aus: ROSSELLI, 1995, Seite 423.

7. Widersprüche bezüglich der Bogenformen

Es gibt aber auch Datenerhebungen, die gegen die Form eines Korbbogens oder einer Kettenlinie sprechen. Hierzu betrachte ich die Daten, welche aus einem Vergleich von Francesco Mugelli entnommen sind. Diese Daten bestehen aus insgesamt 31 Punkten, abgeleitet aus einer alten Fotographie der Ponte Santa Trinità. Hierbei handelt es sich um die folgenden Daten:

x	y	x	y	x	y
0.4789	0.2329	0.6887	0.2087	0.7896	0.1645
0.5076	0.2329	0.7020	0.2051	0.7920	0.1619
0.5227	0.2327	0.7136	0.2021	0.7948	0.1591
0.5413	0.2315	0.7249	0.1985	0.7972	0.1559
0.5587	0.2301	0.7339	0.1957	0.8004	0.1515
0.5786	0.2283	0.7436	0.1917	0.8022	0.1481
0.5933	0.2264	0.7530	0.1874	0.8044	0.1445
0.6095	0.2240	0.7601	0.1836	0.8055	0.1405
0.6336	0.2200	0.7685	0.1792	0.8061	0.1374
0.6517	0.2166	0.7785	0.1728		
0.6680	0.2132	0.7848	0.1681		

[96]

[96] Vgl. BELLUZZI, BELLI, 2003, Seite 252.

7.1 Bezogen auf Sechsfacher Korbbogen

Durch die Verbindung der Punkte mit einzelnen Teilkreisen kann der Verlauf der jeweiligen Mittelpunkte genauer analysiert werden. Anhand der folgenden Graphik ist hierauf gut zu erkennen, dass die Verteilung der einzelnen Mittelpunkte sehr unregelmäßig verläuft und somit die Konstruktion durch einen sechsfachen Korbbogen als eher unwahrscheinlich einzuschätzen ist.

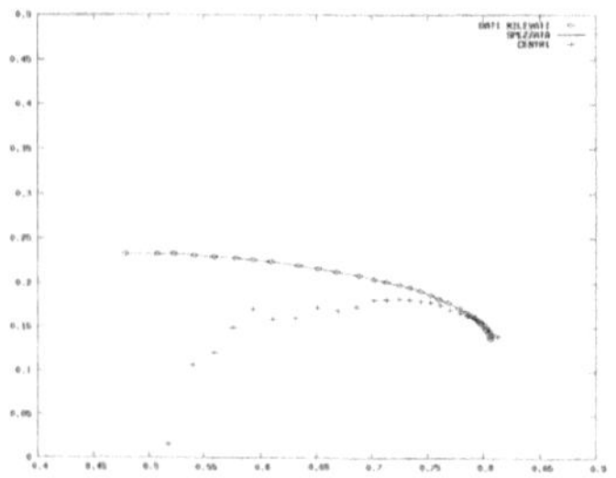

87. Policentrica: dati rilevati e ipotetici centri. [97]

Auch durch den direkten Vergleich dieser 31 Punkte und der Zeichnung, welche in „6.2.3 Mögliche Konstruktion durch einen sechsfachen Korbbogen" verwendet wurde, ist dies zu unterlegen. Die Abweichungen zwischen den einzelnen Punkten und der (grün hervorgehobenen) Bogenlinie sind im folgenden Programm besonders stark beim zweiten und dritten Teilkreis zu erkennen. Das angewandte Programm wurde von mir persönlich geschrieben; Hierfür verwendete ich die kostenlose Version von Turbo Delphi® Borland®.

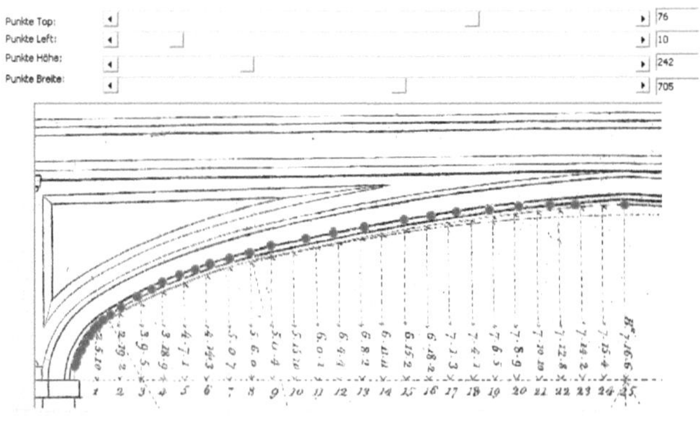

[98]

[97] Vgl. Abbildung aus: BELLUZZI, BELLI, 2003, Seite 255.
[98] Vgl. Verwendetes Bild ist identisch der Abbildung aus: FERRONI, 1808, Seite 46.

7.2 Bezogen auf Kettenlinie

Bei einem direkten Vergleich des Verlaufs der Punkte und dem Verlauf einer Kettenlinie sind, unabhängig davon wie die Aufhängepunkte der Kettenlinie ausgerichtet werden bzw. wie groß die entsprechende Kettenlänge ist, jeweils eindeutige Abweichungen voneinander feststellbar; dies kann man beim Vergleich der folgenden drei Graphiken erkennen.

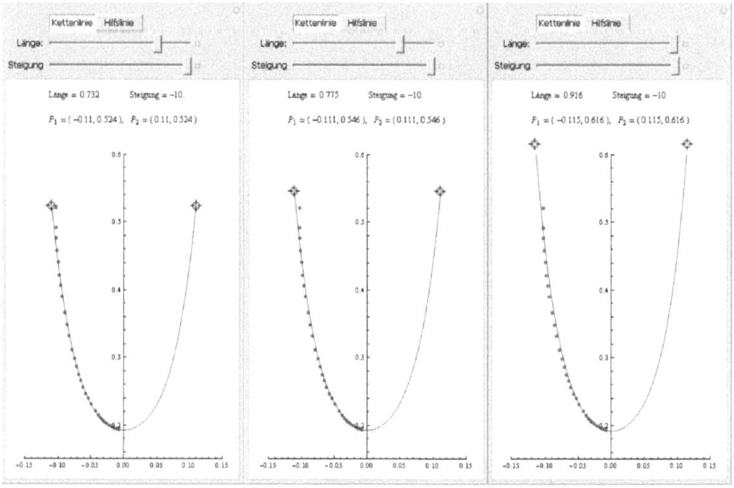

Eindeutig ist hieraus zu folgern, dass sich, wenn die Aufhängepunkten weiter in y-Richtung verschoben werden, die Kette zwar immer weiter dem höchsten der insgesamt 31 Punkte nähert, sich jedoch gleichzeitig die Punkte, die in der Höhe zwischen 0,3 und 0,4 liegen, von der Kette immer weiter entfernen. Dies spräche somit ebenfalls gegen die frühere Bogenform der Ponte Santa Trinità als eine Kettenlinie.

Die hierbei verwendeten Graphiken sind mit einem Programm geschriebenen, welches mit Mathematica 6.0 erstellt wurde. Das Hauptprogramm stammt von Borut Levart und wurde durch Herrn Schaper für die hiesigen Zwecke umgeschrieben und erweitert. Das Originalprogramm steht zum kostenlosen downloaden unter folgender Internetadresse bereit:

http://demonstrations.wolfram.com/CatenaryTheHangingChain/

8. Fazit

Es kann zwar, viele Jahre nach der Zerstörung der Ponte Santa Trinità, wegen fehlender Quellen, nur noch über die mögliche frühere Bogenform der Brücke spekuliert werden. Aber nach der genaueren Betrachtung aller mir für die Examensarbeit vorliegenden Quellen und mit der Hilfe von heutiger Computersoftware, bin ich zu der Auffassung gekommen, dass es sich bei der früheren Bogenform der Ponte Santa Trinità weder um einen sechsfachen Korbbogen, noch um eine Kettenlinie handeln konnte.

Gegen einen sechsfachen Korbbogen spricht hierbei, bei der Analyse der 31 Punkte, welche von Amedeo Belluzzi und Gianluca Belli erstellt wurden, neben der ungleichmäßigen Verteilung der einzelnen Mittelpunkte, wie es in der ersten Graphik unter „7.1 Bezogen auf Sechsfacher Korbbogen“ zu erkennen ist, auch eindeutig die starke Abweichungen der Punkte von dem zweiten und dritten Teilkreis bei der Zeichnung. Nach Betrachtung der Größe dieser Abweichungen gehe ich eindeutig davon aus, dass es sich nicht um Fehler handelt, welche beispielsweise durch Rundungen hätten entstehen könnten, sondern die Zeichnung prinzipiell nicht mit der früheren Form der Brücke übereinstimmen kann.

Gegen die Konstruktion der Brücke anhand einer Kettenlinie, sprechen zwar nicht solch eindeutige Daten wie beim sechsfachen Korbbogen, dennoch entstehen bei genauerer Betrachtung ebenfalls Widersprüche. Einerseits ist es fraglich, weshalb sich Ammannati damals für die Drehung der Kette um 3 1/3° am Scheitelpunkt hätte entscheiden sollen und ist meiner Ansicht nach, auch wegen fehlender Kausalzusammenhänge, eher unwahrscheinlich. Andererseits spricht auch hierbei eindeutig der Vergleich einer Kettenlinie mit dem Verlauf der 31 Punkte gegen den Einsatz einer Kettenlinie. Wie eindeutig, unter „7.2 Bezogen auf Kettenlinie“, an den drei angewandten Beispielen erkennbar ist, nähert sich, durch Verschiebung der Kämpferpunkte, zwar die Kettenlinie immer mehr dem höchsten Punkt, jedoch weicht sie gleichzeitig von mehreren Punkten immer weiter ab.

Nach diesen Ergebnissen bleibt letztlich immer noch die Frage offen, um welche Bogenform es sich bei der früheren Brücke Ponte Santa Trinità gehandelt haben könnte. Eine Möglichkeit wäre der Aufbau der Bögen anhand einer Ellipse; hierfür spricht beispielsweise folgende Graphik:

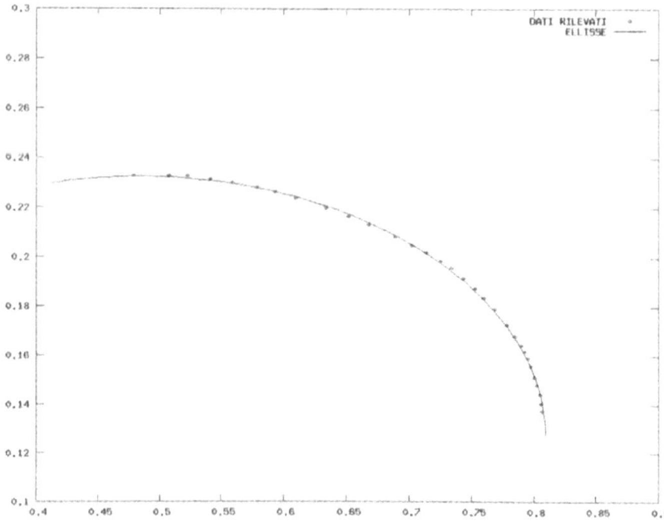

86. Ellisse. [99]

Doch entstehen hierbei wieder neue Fragen, in wie weit die Abweichungen der Punkte von der Ellipse zu interpretieren sind: Handelt es sich doch nicht um eine Ellipse oder sind diese Abweichungen nur kleinere Fehler, welche bei der früheren Konstruktion der Brücke entstanden sind? Oder ist es in diesem Falle sogar nur eine leichte Abweichung, welche durch Rundungen der Werte in der Software auftreten? Fragen, welche auch mit den heutigen Möglichkeiten der Analyse und Erörterung offen bleiben und nur schwer zu beantworten sind.

[99] Vgl. Abbildung aus: BELLUZZI, BELLI, 2003, Seite 255.

9. Literaturverzeichnis

Brown, David J., Ziffer, Alfred: Brücken: kühne Konstruktionen über Flüsse, Täler, Meere, München, Callwey, 1996, ISBN: 3-7667-1222-5.

Dietrich, Richard J.: Faszination Brücken: Baukunst – Technik – Geschichte, München, Callwey, 1998, ISBN: 3-7667-1511-9.

Ferroni, Pietro: Della vera curva degli archi del Ponte a S. Trinita di firenze discorso geometrico – storico, Verona, della societa italiana delle scienze, 1808.

Heinrich, Bert: Brücken – Vom Balken zum Bogen, Rowohlt, Reinbek, 1983, ISBN: 3-4991-7711-0.

Jurecka, Charlotte: Brücken : Historische Entwicklung – Faszination der Technik, Wien und München, Anton Schroll, 1979, ISBN: 3-7031-0464-3.

Kinder, Hermann, Hilgemann, Werner: dtv-Atlas zur Weltgeschichte – Karten und chronologischer Abriss – Band II – Von der Französischen Revolution bis zur Gegenwart, München, Deutscher Taschenbuch Verlag, 1984, ISBN: 3-423-03002-X.

Kurrer, Karl-Eugen: Geschichte der Baustatik, Berlin, Ernst & Sohn - A Wiley, 2002, ISBN: 3-433-01641-0.

Mehlhorn, Gerhard: Handbuch Brücken Entwerfen, Konstruieren, Berechnen, Bauen und Erhalten, New York, Springer, 2007, ISBN: 3-540-29659-X.

Mislin, Miron: Geschichte der Baukonstruktion und Bautechnik : Band 1 Antike bis Renaissance, Düsseldorf, Werner Verlag, 1997, ISBN: 3-8041-2742-8.

Mugelli Francesco: Sulla curva del profilo dell'arco centrale nel ponte a Santa Trinita, Seite 251-255 in **Belluzzi, Amedeo, Belli, Gianluca:** Il ponte a Santa Trinita, Firenze, Edizioni Polistampa, 2003, ISBN: 88-8304-634-X.

Paoletti, Paolo: Il Ponte a Santa Trinita – Com'era e dov'era – Dalla distruzione nel 1944 al ritrovamento della testa della Primavera nel 1961, Firenze, Becocci Firenze, 1987.

Rosselli, Niccolo: Bartolomeo Ammannati Scultore e Architetto 1511-1592, Toscana, Associazione Dimore Storiche Italiane, 1995, ISBN: 88-8125-013-6.